VR 策划与编导

王彦霞　编著

電子工業出版社
Publishing House of Electronics Industry
北京·BEIJING

内 容 简 介

本书是关于 VR 策划与编导的入门级教材，从 VR 与普通影视的异同入手，对 VR 的有关概念、分类、特点、关键技术、发展历程、发展现状、传播与管理及存在的问题等进行探讨，有史、有论、有料、有趣，有故事，有分析，有案例，有建议。VR 一经问世便备受瞩目，发展迅速，应用范围广泛，影视创作、游戏动漫、教育培训、视听广告、军事模拟、建筑设计、考古仿真等诸多领域都受益于 VR 技术。在高等院校中，影视、计算机、电子工程等诸多专业都开设了 VR 课程。在“媒介分众”越来越明显的今天，若想改变 VR 界重硬件、重技术、轻策划、轻叙事等情况，就需加强 VR 的创作，提升 VR 创意、编撰和叙事水平。

本书立足于 VR 发展的实践，探讨 VR 策划与编导的问题，不失为一条可行的思路，适合相关专业本科生、研究生及 VR 爱好者阅读。

图书在版编目（CIP）数据

VR 策划与编导 / 王彦霞编著. —北京：电子工业出版社，2021.1
ISBN 978-7-121-40090-2

Ⅰ. ①V… Ⅱ. ①王… Ⅲ. ①虚拟现实－高等学校－教材 Ⅳ. ①TP391.98

中国版本图书馆 CIP 数据核字（2020）第 238711 号

责任编辑：祁玉芹　　　　文字编辑：张　豪
印　　刷：中国电影出版社印刷厂
装　　订：中国电影出版社印刷厂
出版发行：电子工业出版社
　　　　　北京市海淀区万寿路 173 信箱　邮编：100036
开　　本：787×1092　1/16　印张：12　字数：285 千字
版　　次：2021 年 1 月第 1 版
印　　次：2024 年 1 月第 2 次印刷
定　　价：38.00 元

凡所购买电子工业出版社图书有缺损问题，请向购买书店调换。若书店售缺，请与本社发行部联系，联系及邮购电话：（010）88254888，88258888。

质量投诉请发邮件至 zlts@phei.com.cn，盗版侵权举报请发邮件至 dbqq@phei.com.cn。
本书咨询联系方式：qiyuqin@phei.com.cn。

序 言

VR 是“Virtual Reality”的缩写，即“虚拟现实”，是人类通过计算机创造的一种三维立体可交互仿真系统，这个系统集合了多项技术、多种信息、多种手段，通过计算机对复杂的数据进行可视化、可听化操作并与人进行交互，形成一个虚拟的时空环境，使人进入一个如同真实的立体世界，产生身临其境的感觉并参与互动。作为一个新兴领域，VR 刚出现就引起了广泛的关注，加上近年来移动互联网和智能终端设备的快速发展，传媒界、影视界甚至整个艺术界都在寻找新的突破方向，VR 成为了人们极力追寻的“潜力股”。

从创作、传播与接受的角度说，VR 与普通影视一样都为受众带来了虚拟的世界，但同中有异。相同之处是受众感官体验到的影像时空都不是真实的时空，却让人感觉真实可信。在普通影视中，无论是虚构的还是真实的故事，都是作为虚拟影像出现在二维平面上的，并在受众观赏的过程中借助于想象、联想、对比等，在头脑中生成相应的真实生活场景，普通影视的这种“拟态真实”的虚拟性，在 VR 中也是存在的。

VR 与普通影视的主要区别在于，一是与受众的关系，普通影视提供的虚拟场景与受众是对立的关系，影视屏幕上的视听元素是被观赏的对象。在“传播—接受”理论中，作为观赏主体的人被称为观众，与读者、听众等一起统称为受众。而在 VR 中，以往被称为受众的人则与虚拟场景中的角色处在同一个时空，不但可以观赏、接受，还可以作为“剧中人”参与剧情并成为剧中的一员，所以在 VR 理论中，“用户”代替了以往的受众。二是普通影视向受众提供的审美元素以视觉元素和听觉元素为主，而 VR 不仅满足受众的视听需要，并且可触、可感、可闻，更加生动逼真，如临其境。以一些高校陆续推出的 VR 版招生宣传视频为例，用户在点击视频时不但能看到高校的 360° 全景，能听到介绍高校的声音及背景音乐，还可以借助 VR 设备把自己“投射”到校园之中。VR 与人体功能相连接，用户在视、听、触、嗅的同时，获得如同置身于课堂的切身体验，在接受信息的方式与体验感等方面获得了“革命性”的变革。

随着智能手机的普及和移动互联网的发展，影视越来越普及化、大众化，尽管 VR 的普及和民用还有待时日，但其在游戏娱乐、广告宣传、教育教学、行业应用等方面却早已被很多人熟知。从教育观念来说，无论是传统的讲授式还是后来的互动式，关键都是要实现信息的有效传播。换言之，无论教师的讲课水平多么高，如果学生不认真听，都无法把课堂内容有效地传递给学生。以表演教学为例，学生必须在师生共同设定的情境中进行感受、体会，并借助思考和联想使自己置身于虚拟的时空环境中，才能“化身”为角色并进行扮演。如果仅凭教师的语言提示，产生的“代入感”是有限的。而将 VR 技术运用于表演教学中，能很好地解决情境的设置问题，利用计算机多媒体技术生成可交互的三维立体时空，使学生随时随地都能进入，教与学的过程变得具体生动、形象可感，为顺利实现人才培养目标起到了保驾护航的作用。

因此，本书从 VR 与普通影视的异同的角度切入，一方面是为了便于学生和其他读者理解，另一方面是按照教学大纲和人才培养目标，为了帮助学生在学习有关课程的基础上了解并掌握 VR 知识与技能，有必要将 VR 与普通影视进行对比。有学者提出，VR 电影的未来不在于叙事，“因为其在叙述方面具有天然的缺陷，而在于身临其境的体验”[1]，这一说法是有待商榷的。尽管 VR 带给人们的故事感知模式与传统媒体带来的感知模式有很大的不同，但人们对媒体的感知还是以故事为载体，并与自身的人生经历相结合，才能获得更深刻的体验，才可能成为 VR 的用户。而研究 VR 策划与编导，恰恰是为了提升 VR 叙事的效果。

本书出版基金由北京联合大学“十三五”规划教材建设项目资助，是在本人主编“十二五”规划教材《实用影视欣赏》基础上，为把影视技术发展的最新成果带给学生而撰写的。学生在课堂上借助 VR 头盔欣赏 VR 资源，普遍对 VR 应用于教学表现出浓厚的兴趣，但关于 VR 创意、策划、编导的有关理论问题与实践操作，很多学生还有待深入了解。随着我国科学技术的迅猛发展，VR 技术正在对影视创作与传播带来越来越大的影响，但技术进步给影视业发展带来的不全是福利，也给内容生产提出了更高的要求。向学生进行 VR 知识的普及并引导他们在对有关问题进行理性思考的基础上“透过现象看本质”，进而掌握 VR 策划与编导技巧，是本书写作的初衷。

感谢学校提供的研究平台与出版基金，感谢电子工业出版社的祁玉芹女士及编辑团队为本书出版提供服务，他们严谨、踏实的工作作风使本书能得以顺利问世。一并致谢，是为序。

著　者

2019 年 10 月

1. 罗婧婷：《VR 电影的媒介特性与传播策略探析》。

前　言

VR 策划与编导，通俗地说就是借 VR 技术讲故事，并对故事内容进行策划和设计。从创作的角度说，要对 VR 的特点、与普通影视的异同、剧情的策划与制作及实际应用等进行分析，并结合大量案例进行对比。从生产流程说，要在运用 VR 技术为用户营造虚拟世界之前，进行有关故事情节的创意、策划、编导与制作，旨在为用户沉浸于剧情之中提供时空条件，使他们更好地体验身临其境的感觉并参与互动。

无论哪种类型的 VR，都需要提前进行情节构思、人物塑造、场景设计等，这是 VR 与普通影视的相同之处。尤其是 VR 游戏、VR 电影、VR 戏剧等叙事类作品更是如此，既要有情节的开端、发展、高潮、结局等叙事元素，又要有故事之间的因果推动、冲突与照应等，才能比较好地完成叙事并对用户产生持续的吸引力。即使是 VR 广告、VR 纪录片、VR 专题片及行业应用类的 VR 作品，也需要通过故事化的讲述提升影片的传播效果。不同之处在于用户是否“在场”，普通影视是向用户提供二维平面影像并借助于他们的思考和联想还原成三维立体的真实场景，在这个场景中，用户是“他者”，与场景形成看与被看的关系；而 VR 提供的是三维立体的场景，用户本身就是这个场景中的一部分，而不是“他者”或“看客”，尽管这一场景是计算机生成的，是虚拟的，却能给用户更加真实的感觉。

如果说硬件决定着 VR 给用户带来的感官舒适度，并正在通过技术手段降低眩晕感，提升舒适度，那么，剧情策划与编导则决定着 VR 内容给用户带来的审美感知力。让用户在使用 VR 产品的过程中不仅体验到身临其境的感觉，而且能获得心灵的触动和情感的激发。

当今，传播媒介普及化，传播平台多样化，传播手段立体化，用户对传播内容提出了越来越高的要求。国产影视从过去以宣传教育为主到逐渐注重娱乐元素，到商业片与文艺片的区分，再到文化创意产业受到越来越大的重视，发展轨迹是清晰可见的。据统计，如今人们看电视时手持遥控器换台的平均频率已缩短到 0.7 秒，“一不顺眼就换台”，突显了“内容为王”的重要性；同时，网络视频的广泛传播、智能手机的日益普及，也以切分用户市场的方式给影视作品的创作与传播带来了巨大的挑战。VR 在影视中的应用不仅实现了审美接受效果的锦上添花，还带来了巨大的经济效益。随着 VR 技术的发展，以及 VR 产品的丰富和普及，VR 的影响力和市场价值会越来越突显。若想长期得到用户喜爱，剧情策划与编导的问题应该受到越来越多的重视。无论 VR 影视还是传统的电影、电视剧、戏剧、戏曲、动画片、微电影、微动漫等，都是叙事性的综合艺术，情节性是它们的基本属性，即不但要讲“故事”，而且要“讲好”故事，更要讲“好故事”。

一、故事与情节

讲故事，是所有叙事艺术的基本功能，但并非所有故事都能进入艺术作品成为情节。关于故事与情节的区别，英国作家福斯特在《小说面面观》中进行了分析。

> 我们对故事下的定义是，按时间顺序安排的事件的叙事；情节也是事件的叙事，但重点在因果关系上。“国王死了，王后也伤心而死”则是情节，在情节中时间顺序仍然保有，但已为因果关系所掩盖。“王后死了，原因不明，后来才发现她是死于对国王之死的悲伤过度”，这也是情节，中间增加了神秘气氛，有再发展的可能。这句话将时间顺序悬而不提，在有限度的情形下与故事分开。对于王后之死这件事，如果我们问“然后呢？”就是故事；如果我们问“为什么？”就是情节。这是小说中故事与情节的基本差异。[1]

按照福斯特的观点，故事是一些“按时间顺序安排的事件”，比如说“国王死了，然后王后也死了”就是故事，强调的是时间关系；而如果说“国王死了，王后也伤心而死”[2]，其中既有时间关系，又有因果关系，就是情节，但因果关系比时间关系显得突出，比较能受到受众关注，此即福斯特说的“时间顺序仍然保有，但已为因果关系所掩盖”。如果再加上“王后死了，原因不明”，情节就显得有神秘感了，更容易受到受众关注。福斯特的这一观点被文艺界广为接受，具有重要的理论价值。区分故事与情节的主要标志，就在于是否具有因果关系。

当然，因果关系并非一一对应，可能有“一因多果”的情况。在影视圈比较有名的是《北京人在纽约》，剧组当年把剧情发展的多种可能都打印出来贴到墙上，主创们逐一讨论。例如，当王起明得知女儿宁宁跟美国坏青年鬼混时将采取什么行动，大家讨论并决定情节的走向。讲“好故事”，需要策划与编导技巧；而“故事”与“好故事”的区别，则在于剧中故事之间是时间顺序的关联还是因果关系的关联，只有靠因果关系推动的故事才是“好故事”，才能形成情节；如果只是时间先后的关联，观众知道开头就能猜到结尾，这样的故事就可能没有太大的吸引力了。

二、VR 剧情

VR 剧情，即叙事类 VR 作品中的故事情节。随着 VR 技术的日渐成熟，叙事技巧问题

---

1. [英] 爱·摩·福斯特：《小说面面观》之第五章《情节》，花城出版社，1984 年版。
2. 杨田村：《电视剧作艺术》，北京广播学院出版社，1988 年版，第 89 页。

被业界列上了日程。早期 VR 主要以概念的推广和技术的探索为主，随着“晕动症”的克服及一体机的推出，叙事技巧逐渐成为业界探讨的重点。与普通影视相似，优秀的 VR 作品同样涉及情节推进的问题。

区分 VR 剧情优劣的重要尺度之一在于，其中的故事应该是因果关系推动下的“好故事”，而不仅仅是时间顺序的“过场戏”。从一个故事到另一个故事，可能有多种选择；但从一个情节发展到另一个情节，却由于因果关系的作用、人物塑造的需要及故事情节的推进而只有一个最好的可能；对这个因果关系具有决定作用的，就是用户最感兴趣的。在大众化传播途径日益便捷多样、受众可以选择的传播媒介越来越多的背景下，VR 剧情策划与编导既要注重用户市场的普遍情况，又要了解潜在用户的审美需求。

三、VR 叙事

VR 叙事，可从讲“故事”、讲“好故事”和“讲好”故事三个方面理解。

VR 讲“故事”，就是通过 VR 剧情中人物形象之间的相互关系，包括用户沉浸其中的自我角色及与其他角色之间的关系展开故事情节。在中国传统叙事结构中，讲究起、承、转、合。我国清代学者刘熙载对此四字有过解释，“起、承、转、合四字，起者，起下也，连合亦起在内；合者，合上也，连起亦在内；中间用承用转，皆顺兼趣合也。”[1] 意思是写文章不但要讲究开端、发展、高潮、结局，而且要讲究谋篇布局，起中有合，合中有起，首尾照应。VR 讲“故事”也是这样，如果说早期 VR 素材库中的故事多为片段式，不太注重叙事结构的完整性，那么，随着技术的成熟度及用户的审美需求越来越高，VR 叙事不仅要注重热闹，而且要注意在情节的发展变化中揭示人物的性格命运，使用户受到启发或贴近其心理轨迹；不仅能提升沉浸感，而且能提升作品的思想价值和社会意义。需要注意的是，与普通影视的剧情不同的是，VR 故事中要为用户预设“在场感”，并通过角色设计和情节策划使沉浸感得以实现，否则就无法让用户身临其境地进行体验。

VR 讲“好故事”，指剧中人物之间的故事靠因果关系推动，并形成情节与情节之间的张力。如前所述，“国王死了，不久王后也死去”是故事，而“国王死了，不久王后也因伤心而死”才是情节。情节之间虽然也有时间顺序，却由于具有因果关系而体现了叙事的张力。如果说“王后因国王去世导致悲伤过度而死，死时手中紧紧攥着国王的照片……”，就会因对细节的讲述而增强了对用户的吸引力；如果说“王后死了，原因不详，后来才发现她可能是因国王去世而悲伤过度……”，则会增加叙事的神秘色彩。这些，都可归为“好故事”。

VR“讲好”故事，是指 VR 在解决眩晕等技术难题的同时，剧情上能够允许用户沉浸其中，积极参与。VR 作为立体化、可交互式的虚拟时空，不但能够运用声、光、电、多媒体等技术元素及文学、音乐、舞蹈、美术等综合艺术优势来讲故事，而且实现了与观众“零距离”的接触，通过受众“在场感”的实现，提升了叙事效果，在用户体验方面比普通影视具有更大的吸引力。

---

1. 刘熙载：《艺概·文概》，上海古籍出版社，1978 年版。

四、当前 VR 叙事现状

近年来，VR 在国内外都掀起了“现象级”的热潮，不但资本齐聚，硬件爆发，作品喷涌而出，而且著作、论文也蜂拥而至，但尚未有人专门研究 VR 剧情的策划与编导问题。比如著作方面，国外的著作《虚拟现实：下一个产业浪潮之巅》[1]《虚拟现实系统》[2] 等纷纷被译成中文出版发行；国内的著作大量涌现，比如技术方面的《虚拟现实交互设计》[3]《虚拟现实：引领未来的人机交互革命》[4] 等，商业与应用方面的《VR 虚拟现实：商业模式+行业应用+案例分析》[5]，理论方面的《VR 简史：一本书读懂虚拟现实》[6] 等。再比如论文方面，截至目前，仅在中国知网上以 VR 为检索项进行全文的检索，超 38 万篇文章即刻出现；再以 VR 为检索项进行篇名的检索，也有多达 3000 多篇文章。综观以上研究成果，对 VR 进行了方方面面的梳理和探讨，做出了不同的贡献，但有以下四种情况不太令人满意：第一，关于 VR 产品推广的多，但关于 VR 剧情创作的少；第二，关于 VR 技术应用描述的多，而关于 VR 艺术鉴赏分析的少；第三，介绍性的文章与著作多，但研究讨论性的内容少；第四，关于 VR 现状的多，但关于 VR 过去、现在与未来的综合研究少，尤其是以辩证唯物主义和历史唯物主义观点对 VR 进行综合创新研究的更少，在 VR 创作实践与理论探索方面都还有很大的发展空间。

恩格斯认为“一个民族想要站在科学的最高峰，就一刻也不能没有理论思维”[7]，因为理论不仅对实践具有指导作用，而且能保证实践的正确方向并避免偏离正确的轨道。对于 VR 这一新生事物，目前的市场与资本都呈现出热情奔放的非理性状态，而若想使其长期健康地发展下去，不仅需要技术的进步和艺术的提升，还需要理论的指导，才能不偏离正确的发展道路。在“内容为王”的今天，VR 叙事的重要性理应受到越来越多的人的关注。VR 因其硬件设备、人机关系、技术运用及用户体验等方面的优势，在讲“故事”、讲“好故事”和“讲好”故事等方面都比普通影视有更大的优势，值得好好研究，在此基础上才能做好 VR 剧情的策划与编导。

---

1. [美]斯凯 · 奈特：《虚拟现实：下一个产业浪潮之巅》，仙颜信息技术译，中国人民大学出版社，2016 年 9 月版。

2. [加]舍曼（Sherman. W.）：《虚拟现实系统》，魏迎梅译，电子工业出版社，2004 年 11 月版。

3. 周晓成、张煜鑫、冷荣亮：《虚拟现实交互设计》，化学工业出版社，2016 年 1 月版。

4. 王寒、柳伟龙等：《虚拟现实：引领未来的人机交互革命》，机械工业出版社，2016 年 6 月版。

5. 卢博：《VR 虚拟现实：商业模式+行业应用+案例分析》，人民邮电出版社，2016 年 9 月版。

6. 刘丹：《VR 简史：一本书读懂虚拟现实》，人民邮电出版社，2016 年 9 月版。

7. 恩格斯《自然辩证法》，载《马克思恩格斯选集》第 3 卷，人民出版社，1972 年版，第 467 页。

目　录

第一章
VR 策划与编导基础知识

【本章导读】

本章从虚拟现实与普通影视的异同入手，对 VR 的概念、分类、特点、技术元素与用户的关系、叙事视角、诞生与发展历程等进行了梳理，分析了策划与编导对于 VR 行业的重要性和必要性，探讨了策划的概念、类型、误区、原则及 VR 策划与编导的有关情况。

第一节 VR的概念与特点

一、虚拟现实的概念与分类

VR，即虚拟现实，又称灵境技术、虚拟实境、人工环境等[1]。

从技术的角度说，VR 集计算机、电子信息、仿真技术等于一体，通过计算机技术产生的电子信号创建出一个虚拟世界；从艺术的角度说，当上述虚拟世界与各种输出设备结合时，能够转化为用户可以感受到的场景与现象，可以是现实中客观存在的景物，也可以是人们肉眼看不到的事物，甚至可以是世界上根本不存在的虚拟物。因为这些场景与现象不是真实存在的，而是通过计算机技术模拟出来的，所以称为虚拟现实。

与 VR 密切相关的还有几个概念，即 AR、MR、XR。

AR，即增强现实，Augmented Reality，是一种将真实世界信息和虚拟世界信息“无缝”集成的新技术，通过计算机系统提供的信息与技术，增强用户对现实世界的感知，并将计算机生成的虚拟物体、场景或系统提示信息叠加到真实场景中，把在真实世界中不存在的场景展现出来，从而实现对现实的“增强”，达到超越现实的感官体验。

MR，即混合现实，Mixed Reality，指的是合并现实和虚拟世界而产生的新的可视化环境，包括增强现实和增强虚拟等。在新的可视化环境里，物理世界和数字对象共存，并实时互动。MR 的实现，需要在一个能与现实世界交互的环境中。

XR，即扩展现实，Extended Reality，指可以涵盖所有上述不同的技术，并可以使用户根据自己的意愿选择将物理现实扩展到数字空间的一种综合技术。设备本身能够借助 AI（人工智能）在各种模式之间进行切换，及时为用户提供最真切、最逼真的信息或体验。2019 年 12 月 15 日，在北京电影学院举行的第七届中国大学生游戏设计大赛“金辰奖”颁奖典礼暨 VR 教育论坛上，国防科技创新快速响应小组发言人表示 XR 技术已经在他们的工作中得以运用，在不久的将来，《使命召唤》游戏中的场景与情节就可能会成为现实，这一游戏就是典型的扩展现实技术的应用。

四者之间的关系十分密切，不可分割。VR 与 AR 在本质上是相通的，不同之处在于，VR 是计算机生成的非真实环境，却让使用者感觉到像是真实的；AR 既有计算机生成的非真实，又有客观存在的真实，虚拟信号使客观真实得到了“增强”。VR 与 AR 有两点共性，即“3D”与“交互”。但 VR 与 AR 的应用趋向不同，VR 更多应用于娱乐，而 AR

1. 国内关于“虚拟现实”的概念有很多种说法，本书在序言中给出了简洁的定义：“指人类通过计算机创造的一种三维立体可交互仿真系统，这个系统集合了多项技术、多种信息、多种手段，通过计算机对复杂的数据进行可视化、可听化操作并与人进行交互，形成一个虚拟的时空环境，使人进入一个如同真实的立体世界，产生身临其境的感觉并参与互动”。

更多应用于工作和培训等领域。VR 和 AR 各自还没有发展到极致，然而已经有了融合迹象，这就是 MR。MR 是在前两者的基础上发展出来的混合技术形式，是一种既继承了两者的优点，同时摒除了两者大部分缺点的新兴技术。VR 比较成熟，但受制于 VR 眼镜的不便。MR 比较新锐，但发展条件还不够成熟。XR 的交互性及体验感更好，但主流应用还是在实验室及军工行业，尚未普及。按照目前的状况，AR 这种随时随地“增强现实”的技术注定会得到巨大的发展，现在许多企业都在研发 AR 技术并力求将其应用到日常生活中。

如今，虚拟现实技术正在受到越来越多人的认可，用户可以在虚拟现实世界中体验到更真实的感受，其模拟环境的真实性与现实世界难辨真假，让人如同置身于真实的环境之中。它具有超强的仿真系统，真正实现了人机交互，使人在操作过程中可以亲身参与，并且通过多种感官的模拟得到近似真实的反馈。

二、虚拟现实的特点

相比传统影视的二维虚拟时空，VR 的关键技术有沉浸感、交互性、多感知性、构想性等特点。早在 1993 年，美国科学家 Burdea G.和 Philippe Coiffet 在当年的世界电子年会上提出了虚拟现实技术的三个特点，沉浸性、交互性、想象性，并联名发表了一篇文章“Virtual Reality System and Applications”（中文名为《虚拟系统与应用》）。经过若干年的发展，不断进步的虚拟现实技术至少具有以下四个特点。

（一）沉浸性

沉浸性是虚拟现实技术最主要的特征，就是让用户成为计算机系统所创造环境中的一部分，并能亲身感受到。沉浸性取决于用户的感知系统，当用户感知到虚拟世界的刺激时，包括触觉、味觉、嗅觉、运动感知等，便会产生思维共鸣，产生心理沉浸，感觉如同进入了真实世界。

对于用户来说，沉浸性即 VR 生成的“能让人脱离置身其中的真实环境，使人获得如同沉浸在计算机创造出来的虚拟时空中的感觉”。比如，当用户在影院或家中观看普通电影时，虽然进入了虚拟的时空，却是借助于视听感觉并调动想象和联想能力实现的，并不能把自己投射其中，因为电影中的角色形象并不能与观众一起存在于同一个时空之中，只是作为观赏对象存在于对面的二维屏幕上，即使是李安导演以 3D、4K、120 帧技术拍摄的《比利・林恩的中场战事》，观众欣赏时确实感到清晰度、画面感、立体感都非常出色并且林恩如同就在眼前，但他还是作为被观赏的对象存在于观众的“眼前”。观众虽然戴了 3D 眼镜，却不能把自己投射到现场与林恩一起进行中场表演，只能作为观众去“看”。

进一步说，关于沉浸式体验，3D 和 IMAX 也能做到，但 VR 在以下两个方面更胜一筹。

第一，VR 全景式的立体成像与环绕音响，能彻底冲破传统影院的维度，使用户在视觉和听觉上完全沉浸于影片的剧情之中。

第二，VR 通过对用户的头、眼、手等部位的动作捕捉，并借助于 VR 眼镜和座位按钮的传感器，可以及时调整影像，继而形成人景互动，且拥有剧情的选择权和控制权，尤其是对于关键情节和人物命运的“掌控”权。

当影片结束时，基于每种选择的差异性，每位观众都拥有一部属于自己的影片。与视听觉的感官刺激相比，这种能让观众介入故事发展甚至自创影片版本的代入性和可玩性，正是 VR 影片的最大卖点，亦是对电影美学的贡献，更是对体验经济的创新发展。

（二）交互性

交互性是指用户对模拟环境内物体的可操作程度和从环境得到反馈的自然程度。用户可通过特殊的设备进入虚拟空间，实现与虚拟世界的互动，进行操作时周围的环境也会做出反应，现场感、真实感更强。如用户用手摸虚拟环境中的物体时能够产生触觉，对物体做动作时物体的位置和状态也会改变。

VR 为观众“进入”剧情的时空环境提供了渠道，比如 2016 年推向市场的 Buy+，该产品使用虚拟现实技术，借助于计算机建模、数字图形系统、辅助传感器等生成可交互的三维购物环境，只要用户戴上 VR 眼镜，就能“走进”店里。此时的用户不仅是观众，除了能“观看”，还能身临其境地参与其中。点击蓝色图标，不但能看到对应商品的标价、颜色、质地等，还能像在实体店中一样试穿，足不出户就能直接逛英国复古市集、纽约第五大道等。逼真的交互性使购买过程更真实、更具体、更有效，因此 Buy+被男人们戏称为“败家”。谐音的幽默与戏谑代表着 VR 技术的交互性在商业营销上的巨大成功。

（三）多感知性

不同于普通影视只能满足受众的视听感觉，虚拟现实能够借助于计算机、人工智能等多种技术，向用户提供多种感知方式。其中既有为人熟知的视觉和听觉，也有触觉、味觉、嗅觉、动感等。未来理想的虚拟现实技术具有一切人所具有的感知能力。但目前由于技术，特别是传感技术的局限，大多数虚拟现实所具有的感知能力仅限于视觉、听觉、触觉和运动等，有待进一步发展。

比较而言，普通影视向观众提供的，主要就是视听信息，影像提供什么，观众才能“看”到什么、“听”到什么。随着技术的发展，球幕、环幕、IMAX 等所改变的只是观众的视听感觉，包括后来有人尝试借助于“弹幕”与观众互动，有的团队开辟了网络平台邀请观众参与剧情设计，这些虽然都体现了主创们努力跟观众“互动”，但所谓的“互动”是有限度的，观众仍作为“观看者”存在，并没有真正进入剧情之中，也没有从根本上改变观众的感知方式。虚拟现实则调动用户的多种感知系统参与剧情，并将用户投入剧情的场景之中，体现出了与普通影视的巨大不同。

（四）构想性

构想性也称想象性，用户在虚拟空间中，可以与周围的物体进行互动，拓宽认知范围，创造客观世界不存在的场景或不可能有的环境。进入虚拟空间后，用户可根据自己的感觉与认知能力创造新的概念和环境，通过与 VR 生成的虚拟世界互动，对自身思维和心理产生一定的影响，并激发想象，形成如同置身其中的逼真体验。

普通文艺作品包括影视、小说、诗歌等也能激发受众的想象力，但此时受众只是由于视听感觉受刺激而激起的被动想象，而 VR 则利用 TMC 三维动作捕捉等技术对用户的动作进行捕捉，并触发虚拟环境使其反馈，实现人在与虚拟现实环境中的人和物进行互动时的主动想象，把当时的虚拟现实想象成客观存在的事实，使用户在观看影片时如同置身片中的场景，不但能了解剧情的发展，而且能作为角色参与到情节之中；在虚拟购物时不但可以看颜色、听声音，而且可以用手触摸商品的质地、用鼻子嗅闻商品的气味等。

需要注意的是，VR 具有的沉浸性、交互性、多感知性、构想性等特点都不是各自孤立呈现出来的，而是相互影响的，每一个特性的实现都需要另外两个特性同时实现。比起普通影视，VR“使得参与者能沉浸于虚拟环境中，超越其上，进退自如并自由交互，它强调了人在虚拟系统中的主导作用，即人的感觉在整个系统中最重要。因此，交互性和沉浸性这两个特征是虚拟现实与其他相关技术如三维动画、科学可视化及传统的多媒体图像技术等的本质区别”，可以说“虚拟现实是人机交互内容和交互方式的革新”[1]。以游戏为例，VR 和游戏的结合，使用户在游戏中身临其境地端着枪、躲避敌人攻击的同时，一个又一个快速地把对手解决掉，或者化身成游戏中的主角在梦幻般的场景中冲破一个又一个关口，跟伙伴们一起完成任务，VR 是实现这种梦想的最好手段。游戏行业一直被认为是“VR 技术的主要突破口”，很多业内人士表示，“这将是 VR 未来最有潜力的一个发展方向”[2]。

认识虚拟现实，仅仅知道定义、分类、特点还不够。在与普通影视作对比的基础上，从艺术、技术、技术与用户的关系，以及叙事视角等多个角度入手，理解起来会容易一些。

---

1. 王寒、柳伟龙等：《虚拟现实：引领未来的人机交互革命》，机械工业出版社，2016 年 6 月，第 9 页。

2. 刘丹：《VR 简史》，人民邮电出版社，2016 年 9 月版，第 56 页。

三、虚拟现实的技术元素

从技术的角度说，VR是计算机仿真技术与计算机图形学、人机接口技术、多媒体技术、传感技术等多种技术共同发展的产物，是一门富有挑战性的交叉技术前沿学科，主要包括模拟环境、人体感知、传感设备和自然技能等方面。

（一）模拟环境

模拟环境是由计算机生成的、实时动态的、三维立体的逼真环境。它能向用户提供关于视觉、听觉、触觉等多种感官的模拟，让用户置身于此三维环境中，不但可以毫无限制地及时观察三维空间内的事物，而且当用户移动位置时，计算机可以立即进行复杂的运算，将精确的3D影像传输给用户。

（二）人体感知

人体感知是指理想的VR技术应该能为用户提供的感官知觉。除了计算机图形技术能够提供的视觉感知外，还可借助于其他技术提供听觉、触觉、嗅觉、味觉、力觉、运动觉等多种感知。2016年，日本团队利用电极叉对人的舌头进行轻微震动，尝试刺激人体的味觉接收器感知到咸味。同年，新加坡国立大学的VR团队宣称，他们开发出了可用于感知甜味的新型界面，通过舌尖上的温度变化达到感知甜味的目的。这一技术是在日本东京举办的“ACM用户界面软件和科技研讨会”上发布的，2017年开始试验，适合对盐和糖的摄取量有严格限制的人群使用。[1]

（三）传感设备

传感设备是VR设备中实现人机交互功能的核心零部件，它们在很大程度上决定了VR设备用户体验的舒适度。截至2017年年初，国内的VR传感器还是以美国、日本的进口产品为主[2]，主要有以下三类：一是IMU传感器，即惯性传感器，包括加速度传感器、陀螺仪和地磁传感器，主要用于捕捉头部运动，特别是转动。二是动作捕捉传感器，比如红外摄像头、红外感应传感器等，不同的方案决定了不同的传感器，主要用来实现动作捕捉，特别是前后左右的移动。三是VR设备中的其他类型传感器，如佩戴检测用的接近传感器、触控板用的电容感应传感器、眼球追踪用的红外摄像头、手势识别用的传感器等。VR设备对传感器的精度和实时性比智能手机传感器的要求更高，如果精度和实时性不够，就会直接导致眩晕感。

（四）自然技能

自然技能是指人在VR环境中的头部转动、眼球转动、手势或其他的行为动作。由计算机处理并与用户动作相对应的数据，在对用户信息输入做出实时响应的同时，分别反馈

1. 环球网:《专家研发VR新技术：能感知食物味道》，2016年11月7日。
2. 电子发烧友网:《VR设备的主要三种传感器类型》，2017年1月3日。

到用户的五官并产生不同的反应。目前，VR体验最需解决的眩晕等身体不适问题已比早期有所缓解，分辨率、画面重影、画面延迟、深度感知不连续等其他问题也会给用户带来较大影响，也都是不可忽视的。人体的感觉器官不断地把感知到的周围信息传送给大脑，大脑在对这些信息进行处理并实现人体感官的自然技能时，如果出现了无法识别的冲突信息就会感到“困扰”，并产生眩晕或呕吐等不适感。

四、VR 艺术

从艺术上说，虚拟现实是影视艺术发展到360° 摄像并能实现相关处理阶段的新产物。传统影视的人机界面、视窗操作都只能允许用户“观看”，相较而言，VR 向用户提供了把自己“投射”到虚拟环境中的各种特殊装置，使用户不但可以及时、全面、毫无限制地进入三维立体空间内，而且可以获得如同真实般的视觉、听觉、触觉、味觉等感官模拟。在自主操作的同时，还可以实现互动并控制环境，在审美方式方面突破了传统影像与用户之间的“看”与“被看”的模式，在声画表现形式方面实现了完全不同于普通影视的质的飞跃，在主客体关系方面不仅能使用户像欣赏普通影视那样置身于一个虚拟的精神世界中，而且可以作为这个虚拟世界的一部分，甚至可以作为虚拟世界的“主人”，起到“主宰”的作用，从而突破了普通影视欣赏时的被动局面。

因此，如果说传统影视的叙事是为了吸引观众“观看”，那么，由于 VR 的交互性和沉浸性，使 VR 的叙事不仅能吸引用户“观看”，而且让用户实现了“沉浸”与“在场”，在与计算机进行交互并体验身临其境感的同时，可以操纵并引导剧情的发展，人的主体地位得到了突出，人文与艺术通过技术实现了真正的结合，使 VR 赢得了比传统影视更为宽广的发展空间。

随着 5G 时代的来临，VR 被业界称为“含在 5G 嘴里的金钥匙”。行内人士指出，“越来越多的人正在制作 VR 体验纪录片以及基于艺术的内容。还有一系列 VR 应用远远超出了在家中使用 VR 耳机所能达到的范围，包括培训、教育、物流和医疗保健。统计数据显示，整个 VR 行业市场规模正在逐年呈指数增长。在 2019 年，市场规模约为 62 亿美元，到 2022 年全球可能达到 163 亿美元”[1]。在此背景下，VR 走向大众已不再是梦想。网易出品的《人工智能：伏羲觉醒》是一部都市科幻类的大电影，以都市、商战为主线，融合了很多科幻元素。这部电影的 VR 版虽然只采用了 180° 的镜头拍摄，但已经让人感受到 VR 技术表现都市戏、感情戏的优势。观众感觉自己像是穿越到另一空间的人，俯瞰人间，居高临下地欣赏影片中的 IT 精英们为人工智能“伏羲”斗得不可开交，能清晰地感受到影片中每个人物的呼吸，以及眨眼、皱眉等细微表情，逼真得就好像在耳边，甚至能感受到他们“穿”过自己的身体，与普通影视的欣赏表现出了明显的区别。

五、VR 与用户的关系

从作品与用户的关系看，在接受美学作为一种文艺理论传入国内之前，由于我国的文化创作与传播在相当长时间内是国家“包办”的，文艺传播是单向进行的，若干年内“自产自销”式的文艺生产与接受模式，使读者、听众、观众等“受众”的作用常常被忽视，研究者的注意力通常集中在作者、作品及其反映的社会上。直到西方的接受美学理论被国内学术界认可，受众的作用才受到重视。随着广告“植入”文艺作品的现象越来越普遍，由于经济利益的驱动，形成了唯票房、唯收视率、唯点击率“马首是瞻”的现象。VR 的出现，为提升文艺作品的传播效果插上了翅膀。

关于 VR 的传播与接受，本书倾向以“用户”代替“受众”，一是从纵向的时间轴来说，VR 在国内诞生时就带有明显的商业色彩，用户作为消费者的一部分，在欣赏接受的过程中需要支付费用，不像早期影视那样是供受众免费欣赏的，最明显的例子就是 VR 游戏。二是从横向的具体接受情况看，无论是纸媒的读者、广播的听众还是影视的观众，传统媒体与受众的关系都是主客体对应的，而 VR 欣赏与接受的不同在于允许消费者把个人的主观视角投入其中，以至于把消费者本人融入剧情，因此“受众”一词无法将其涵盖在内，“用户”一词更合适一些。

从技术与用户的关系角度看，在虚拟现实中，修饰词“虚拟”指向的是技术，即由人借助于计算机创造出来且存在于计算机中的虚拟时空；“现实”指向的则是用户的感受与体验形成的虽为虚拟但如同真实的时空，即 VR 技术把用户带往的那个虚拟世界，如前所述，它虽然并非真实存在，却能给予用户沉浸其中的感觉，就像是置身于真实存在的客观世界。“即使你没有驾驶过飞机，也能知道驾驶飞机的感觉；没有当过宇航员，却能体会到太空飞行中失重的滋味；虽然不是潜水员，但能感受到深沉大海的孤寂，观看神奇玄妙的景观……虚拟现实技术所带来的身临其境的神奇效应正渗透着各行各业”[2]。这就是 VR

1.《VR：“一个含在 5G 嘴里的金钥匙”》，微信公众号“萌科 VR 教育”发表的网文，2019 年 7 月。

2. 王寒、柳伟龙等：《虚拟现实：引领未来的人机交互革命》，机械工业出版社，2016 年 6 月，第 1 页。

的魅力所在。

从汉语语言结构的角度分析，“虚拟现实”一词是偏正结构，它包括两层含义，“虚拟”指时间与环境是由计算机生成的、非真实的、存在于计算机内部的世界；而“现实”则指真实的世界，现实的环境。具体而言，“虚拟”作为定语，对作为核心词的“现实”起修饰作用，全称应该是“虚拟的现实”，其中的“虚拟”是指用计算机生成，“现实”则可以泛指世界上的任何事物或环境，物理意义上的或功能意义上的，实际上可能实现的或难以实现的或根本无法实现的。“似乎让人感到费解，但正是科学的神奇力量使很多不可能变成了可能”，即“虚拟出来的现实世界”，表明“通过各种技术手段创建出一个新的环境，让人感觉如同处在真实的客观世界中”[1]。

从语义学的角度说，“虚拟”有两个意向，一指“不符合或不一定符合事实的，假设的”，二指“虚构的”；而“现实”也有两个意向，一指“客观存在的事物”，二指“合乎客观情况”。可见，“虚拟”和“现实”两个词语是相互矛盾的，如今却并列放在一起成为一个新词，正是科技的威力才把相互矛盾的两种现象变成了一种新的现象且毫无违和感，把过去人们不敢想、不能想、也不可能实现的幻想变成了事实，那就是在不真实的世界里体验真实感。

在用户使用VR设备、欣赏VR作品、接受VR艺术时，既能体验到审美接受的直觉感、即时感、现场感，又能体验到科学技术的震撼感、新鲜感、异常感，是对一成不变的日常生活的良好调剂和补充，因此受到了众多人的喜爱和追逐。

六、VR叙事视角

从叙事的角度说，VR与普通影视有异曲同工之处，都需借助于影像技术和计算机多媒体技术形成某种拟态真实的时空环境，只不过VR形成的是三维立体的时空，并允许用户沉浸其中，而普通影视则是在二维屏幕上生成平面的图像，却被观众靠自己的视听感觉和想象、联想还原成三维立体的真实生活。

美国好莱坞被称为“梦工厂”，奥地利心理学家弗洛伊德认为文艺创作“仿佛是在做白日梦”[2]，因为文艺作品能给人一种代偿性的满足，以弥补现实世界的遗憾。换句话说，从文艺传播与接受的角度看，影视作为与观众关系最为密切的“客厅艺术”[3]，给人营造的

1. 王寒、柳伟龙等：《虚拟现实：引领未来的人机交互革命》，机械工业出版社，2016年6月，第2页。

2. 1908年，奥地利精神分析学家弗洛伊德发表《创造性作家与白日梦》一文，将艺术创作与梦的研究联系在一起，认为艺术创作仿佛是在做白日梦。后来，弗洛伊德的学生荣格也曾提出“梦是灵感”的观点。

3. 黎可：《客厅艺术中的不谐和音——略谈我省的两部电视剧》，载《文艺评论》1987年3月号。之所以称影视为“客厅艺术”，是因为几乎所有的家庭都有电视机，无论白天还是晚上，无论城市还是农村，进门打开电视机，闲暇时全家人围着电视欣赏影视作品已成为一种习惯，成为与观众关系最为密切的艺术形式。

也是类似于虚拟现实的视听感受。不同之处在于普通的影视是二维的，是人观赏的对象；而 VR 是三维立体的，用户不仅可以观赏，而且可以融入 VR 剧情之中，因而在视听感觉上更加真实、更加生动。如果说普通影视中的影像与观众是“被看”与“看”的相互独立关系，形成的“艺术真实”是虚幻的，那么，VR 与用户则不是对立关系，而是“包容”关系，允许观众“进入”影像的虚拟时空之中，虽然主要是视听感觉上的“进入”，但 VR 形成的“艺术真实”却比普通影视形成的“艺术真实”更加真实。

在制作过程中，无论是 3D 建模的 VR 作品还是 360° 摄录的 VR 作品，都与普通影视摄录的效果体现出了本质区别。普通影视即使采用多机位、多镜头、混录、混剪等方式，即使像《比利·林恩的终场战事》的 4K、3D、120 帧版本那样借助于相关的图像显示技术和画面运动技术使人获得了立体的视听效果，但比起 VR 的沉浸感还是有区别的，区别之一即在于此片没有实现与观众交互。而 VR 经过 360° 摄录或 3D 建模及其他计算机技术，不但生成三维立体时空，而且通过交互方式使用户获得“在场”的体验。

随着技术的进步和网络的发展，千兆网速已经普遍，可以实现高清电影“秒”下载，为 VR 作品的传播提供了有力的支撑。

七、VR 真实感的来源

从真实感的来源说，离不开主客观因素的相互作用。因为 VR 借助特殊设备把人的意识带入一个多种技术生成的虚拟环境之中，并诉诸于人的视、听、触等感觉，才能形成如同真实的置身其中的感觉。那么，其中需要解决的主要问题就是以假乱真的技术、主客观相互作用、人的自律性等问题。

Facebook 技术人员曾经提出，现实只是人类大脑产生的一种意识。从某种意义上说，所有的现实都是虚拟的，总有那么一天，人都将生活在现实的虚拟里或虚拟的现实里。而虚拟现实的技术关键，“也许正是幻想与物理的结合”。因此，阿伯维茨以及他所领导的 Magic Leap 团队被认为是最有可能打造出虚拟现实与混合现实突破性设备的团队。

传统影视在二维屏幕上给观众带来的艺术真实感，也基于“幻想与物理的结合”，在拍摄过程中，人物、道具、服装等及其所在的空间本来是立体的、真实的，以一定的形态和方式存在于现实生活中，经过导演、表演、拍摄、制作等一系列程序，在电视屏幕或电影荧屏上以“活动图片”讲故事，无论是纪录片、真人秀、实况直播等之中的真人真事，还是电影、电视剧、动画片等之中虚构的人与事，观众所看到的都只是二维的影像而并非三维立体的事实，却在头脑中认定自己看到的是真实的，靠的就是想象和联想，被称为“拟态真实”，也可在某种意义上称其为“虚拟现实”。

20 世纪 90 年代，国内第一部室内剧《渴望》热播期间，演员孙松因为主演剧中的“坏丈夫”王沪生，自行车被人拔气门芯，走在大街上被人砸砖头，谈恋爱屡次被甩，女方只要得知他是饰演王沪生的演员就立马分手，最后终于结婚了，女方还是没看过《渴望》的，在当时的影视界传为笑谈。无独有偶，到了 2017 年 4 月，电视剧《人民的名义》热播，因为剧中反腐的精彩故事而引起了众多观众的关注，其中的公安厅厅长祁同伟是一个反面角色，有人仅仅因为一个人的相貌接近“贪官”祁同伟，就对其一顿毒打，直到警方介入并把打人者带到派出所，才知道打人的原因如此令人啼笑皆非[1]。

对于普通影视的观众来说，如果不是把剧中情节当成真实，上述观众对演员砸砖头、打人等事件就不可能发生，“影迷”和“剧迷”们就不可能“追星”或者“追剧”，更不可能随着剧情欢笑或者哭泣。

VR 与用户的关系，跟普通影视与观众的关系具有一定的可比性，从审美接受的角度看，VR 本质上是影视及相关技术发展到一定阶段的产物，在技术理念及传播目标上与普通影视是一脉相承的。求新求异是人的本性，如果人都在一成不变的生活中循规蹈矩，那么社会就无法进步了，从这一角度说，VR 的出现可以看作是对电影、电视等二维影像的创新和发展，核心是人机交互技术、传感技术、显示技术等的进步。VR 的真实感既来源于技术的“虚拟”功能，又离不开人的主观感知。

八、VRD 显示技术与裸眼 3D

美国知名的 VR 和 AR 企业 Magic Leap 公司[2] 已经在尝试运用 VRD（Virtual Retinal Display）技术，即在人的视网膜上直接投射图像。用了 VRD 技术，可以在不需要用户戴特殊眼镜的情况下就很舒服地把影像投影到他们的眼睛里[3]，这对未来 VR 的发展及所谓的“裸眼 VR”起到了促进作用。但如今主流的 3D 立体显示技术仍需要特制眼镜的支持，从而影响到了它的应用范围和使用舒适度，而且不少的 3D 技术会让用户产生恶心、眩晕等感觉。于是，3D 立体显示能够持续发展的动力就落到了裸眼 3D 显示这一前沿科技上，如果这一技术难题得以解决，尽管它只是视觉方面的显示，也会让 VR 获得长足的发展。

裸眼 3D，通俗点说就是让用户不戴 3D 眼镜即可看到 3D 画面。人的眼睛有一个特性，那就是近大远小，并会因此形成立体感。在计算机屏幕的二维平面显示 3D 图形，能让人眼看上去产生像立体真实一样的效果。原因在于计算机屏幕显示时的色彩灰度不同，使人眼产生了视觉上的错觉，并将二维的计算机屏幕感知为三维图像。根据色彩学的理论，一般来说，三维物体边缘的凸出部分显示高亮度颜色，而凹下去的部分由于受光线的遮挡而显示暗色。这一认识被广泛应用于网页设计或其他应用中，对按钮、3D 线条等进行绘制。比如要绘制 3D 文字，即在原始位置显示高亮度颜色，而在左下或右上等位置用低亮度的颜色勾勒轮廓，这样在视觉上便会产生 3D 文字的效果。具体操作时，也可用完全一样的字体在不同的位置分别绘制两个不同颜色的 2D 文字，只要使两个文字的坐标合适，就可以在视觉上产生出不同的 3D 效果。可以说，裸眼 3D 技术的诞生，为用户在影视二维平台上获得三维立体感提供了更直接的技术支持，直接促进了未来 VR 的发展。

1.《看〈人民的名义〉“入戏”太深！男子长得像“祁同伟”挨打》，转引自人民网，2017 年 4 月 22 日。

2.《国外增强现实公司 Magic Leap：办公室如同游戏战场》，新浪网科技板块，2015 年 10 月 22 日。

3. 令狐笑天：《Magic Leap 是否用到了裸眼 3D 的技术？》，知乎网，2015 年 2 月 27 日。

第二节 VR 的发展历程

有人认为，VR 的发展历程，大体上可以总结为如下几个阶段。

构想阶段：1963 年以前；

萌芽阶段：1963—1972 年；

理论初步形成阶段：1973—1989 年；

完善和应用阶段：1990—2004 年；

快速发展阶段：2004—2014 年；

爆发式增长阶段：2014 年至今。

实际上，关于 VR 的最早思想，业界普遍认为的比 1963 年还要早 30 多年。如同电影的概念不是来自电影界，而是来自科学家爱迪生[1]；微电影的概念不是来自影视界，而是来自凯迪拉克广告；类似地，关于 VR 的最早概念也不是来自虚拟现实界，而是来自小说作家阿道司・赫胥黎（Aldous Leonard Huxley）。

从阿道司・赫胥黎的科幻作品中关于未来 VR 的描写开始，到技术人员参考此作品中的描绘画出了 VR 图纸，再到 VR 硬件诞生，然后到 VR 软件的研发及 VR 设备的发展、升级与市场化，VR 的发展经历了虽不漫长但比较曲折的历程，据此，可以把 VR 的发展划分为以下几个阶段。

一、VR 设想

VR 概念及其设想的最早提出，源于小说家、摄影家们对人类未来的奇妙幻想。

（一）小说作家阿道司・赫胥黎

早在 1932 年，英国小说作家阿道司・赫胥黎推出了带有科幻性质的长篇小说《美丽新世界》，对未来的社会生活进行了畅想，描写了一种可以为人们提供图像、气味、声音等感官体验的头戴式设备，为未来 VR 技术的诞生奠定了基础。

《美丽新世界》创作于 1931 年，发表于 1932 年，是 20 世纪最经典的反乌托邦文学作品之一，与乔治・奥威尔的《1984》、扎米亚京的《我们》并称为“反乌托邦三部曲”。

1. 世界公认的“电影之父”是法国的卢米埃尔兄弟，但实际上爱迪生在电影摄影机方面的发明比卢米埃尔兄弟早，据资料记载，只是因为爱迪生过于注重经济效益而在单人单次观看、收费方式、专利技术等方面阻碍了电影的发展。

《美丽新世界》主要表现了机械文明下的未来社会中，人类因人性被机械控制而发生的故事。书中设定的时间是公元 26 世纪左右，那时的人类把汽车大王亨利·福特奉为神明，并以 1908 年作为纪年单位的元年，这一年是福特第一辆 T 型车上市的时间，因为福特发明了汽车流水线，使生产飞速发展，这种生产方法终于统治了整个世界，由于人们把亨利·福特奉为神明，公元也因此变成了“福元”。

在这个“美丽新世界”里，人们用一种类似于福特汽车统一生产线的方式生产一模一样的人。几乎全部人都住在城市，并说同一种语言，人们安居乐业，满足现状，衣食无忧，但个性泯灭，既没有家庭欢聚的快乐，也没有正常的喜怒悲欢，如同机械一般的人们成为严密科学程序控制下的新型“奴隶”，接受安于现状的教育，认同机械化的工作和生活方式，把恶劣的工作环境与极高的工作强度视为幸福，貌似“幸福”的人们虽然失去了个人情感，失去了美好爱情，失去了感受痛苦、激情和危险的感觉，甚至失去了思考的权利和创造力，却不自知。

这些“城市人”在出生之前，就已被划分为“阿尔法（α）”“贝塔（β）”“伽马（γ）”“德尔塔（δ）”“厄普西隆（ε）”五个“种姓”或社会阶层。管理人员用试管培植、条件反射、催眠、睡眠疗法等科学方法控制各个种姓的人的喜好，让他们用最快乐的心情去执行自己的消费模式、社会性和岗位。真正的统治者则高高在上，一边嘲笑，一边安稳地控制着制度内的人。偶有对现状产生怀疑或叛逆心态者，均被视为不安定因素而放逐到边远地区。婴儿完全由试管培养、由实验室中倾倒出来，完全不需要书、语言，也不需要生育，无须负责任的性爱成为人们麻痹自己的正当娱乐，一有情绪问题就用“唆麻”[1] 自我麻痹。所谓的“家庭”“爱情”“宗教”等，都成为了历史名词，社会的箴言是“共有、统一、安定”。

伯纳是阿尔法（α）生物学专业的学生，他为了完成生物学论文，带着好友列宁娜一起来到了美国新墨西哥州的“野蛮人保留区”，对当地的居民进行观察时认识了约翰和他的生母——琳达，她是伦敦孵化及控制中心主管汤马金的女朋友，25 年前在野蛮人保留地失踪，当时她已怀有汤马金的孩子约翰。琳达回忆起她的痛苦经历：生下约翰后，不得不适应那里的环境，并想方设法将约翰带大，不得不忍受野蛮人保留地的生活，而约翰从小到大只能阅读唯一的一本书，那就是《莎士比亚全集》。

1. 书中描写的“唆麻”是一种无副作用的致幻剂，类似于现在的尼古丁。

约翰为了人生的自由、为了解放城市人而闯了许多祸，却受尽城市人的白眼和取笑。列宁娜很喜欢约翰，想要与约翰发生性关系，但约翰受到了个人价值观的影响，对列宁娜的行为大发雷霆，把她吓走了。此时约翰接到了母亲琳达病危的消息，急忙赶到医院，但他无法唤醒服用了过量药物的母亲。琳达的去世使约翰对这个社会充满了厌恶，于是他就在琳达去世的医院投扔药物，由此引发了一场斗殴事件。最终警察平息了这场混乱，并将约翰等人带到了总统面前。约翰与总统进行了一场激烈的语言及思想上的交锋，但他也更深地陷入了对现实生活的绝望中。于是，约翰离开了市中心，找了一个与社会隔离的地方安定下来，想靠自己的意志和劳动生存下去，但在最后还是被人发现了，使他遭到无穷的骚扰和羞辱，导致了他的自杀。

《美丽新世界》这本书，被著名学者、文化批评家、《娱乐至死》一书的作者尼尔·波兹曼评价为“人们被对快乐的盲目追逐所控制”，被清华大学人文学院刘瑜教授评价为“在那里，幸福的人们全都是‘被幸福’的”。是的，人类发明的科学技术是要为人服务的，如果人完全被技术所控制并陷入“人为物役”的悲剧，那么，科学技术的进步就毫无价值了。从这一角度说，作者对未来世界的幻想及对人类自主自控能力的描绘，是有积极意义的，尤其是他关于“提供图像、气味、声音等感官体验的头戴式设备”的描写，既为未来的 VR 设备研制与技术开发提供了思路，也表明了文学艺术对科学技术发展的促进作用。

（二）科幻作家斯坦利·温鲍姆

美国科幻作家斯坦利·温鲍姆（Stanley G. Weinbaum）也是公认的比较早描写虚拟现实的科幻作家。他在《皮格马利翁的眼镜》（*Pygmalion's Spectacles*）[1] 一书中，描述了一款能让使用者实现视觉、嗅觉、触觉等全方位沉浸式体验的 VR 眼镜，被称为“引发了未来的一场技术革命”。尽管当时计算机尚未问世，但温鲍姆的描述却奠定了 VR 诞生的现实基础，他在《皮格马利翁的眼镜》中对这种“特殊装置”做了如下描述。

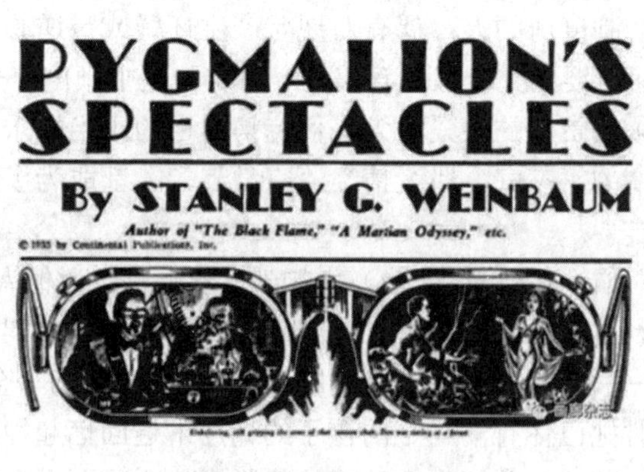

斯坦利·温鲍姆《皮格马利翁的眼镜》

1. 关于《皮格马利翁的眼镜》的出版时间与体裁，后世说法不一，有人说是温鲍姆 1935 年发表的短篇小说，又有人说是他 1949 年出版的科幻小说。

进了他的房间，路德维希在包里摸索了一会儿，拿出了一个类似老式防毒面具的设备。上面有护目镜，还有胶皮的话筒；丹正在好奇地翻看，那边小胡子教授已经拿出一瓶液态物质朝他挥了挥。

“看这里！”他得意扬扬地说，“我的正极溶液，我的故事。拍摄很难，难得很，所以故事情节特别简单。一个乌托邦——只有两个人物，还有你，观众。现在，戴上眼镜。戴上它看看，然后告诉我那些西部佬有多蠢！”他把一些液体倒入面具中，并用一根电线把它跟桌上的一台设备连接起来，“这是整流器，”他解释道，“电解用的。”

“你必须把所有的液体都用掉吗？”丹问道，“如果你只用一部分，是不是就只能看到部分故事？看到的又是哪个部分呢？”

“每一滴液体都蕴含着全部的故事，但我们必须要把目镜填满。”丹小心翼翼地戴上设备，“好了！你现在看到了什么？”

“什么也没有，只看到窗户和街对面的灯。”

“现在当然了。不过现在我要开始电解了。来！”

有那么一瞬间的混沌。丹的眼前很快被白色的液体充满，还伴随着一些杂乱的声音。他动了动，想把设备从头上摘下来，但是一片模糊中渐渐显出的形状吸引了他的注意。有些巨大的物体在扭动着。

场景开始成形了，白色像夏日的雾气一般渐渐消散。不可思议的是，尽管他双手还在空中紧握，仿佛抓着他看不见的椅子扶手，眼前出现的却是一片森林。好一片森林啊！难以置信，无与伦比，美轮美奂！平滑的树干直耸入湛蓝的天空。在高不见顶的地方，树叶在晨雾中摇摆，一片棕色和绿色的葱郁。还有鸟儿——至少有婉转的笛声和轻轻的呢喃在他耳边回响，却没有见到活物——只有轻柔的口哨声，仿佛仙女们在悄悄地吹着号角。

书中对人物语言、动作及场景都有比较细致的交代，尤其是最后一段“尽管他双手还在空中紧握，仿佛抓着他看不见的椅子扶手，眼前出现的却是一片森林。好一片森林啊！难以置信，无与伦比，美轮美奂！”文字的画面感很强，跟一个用户戴着 VR 眼镜进行虚拟现实体验的感觉极其相似。温鲍姆在此书中的天才幻想，尤其是关于场景及交互的描绘，“一个乌托邦——只有两个人物，还有你，观众”，成为后人设计并制造 VR 设备的重要参考。温鲍姆的另一代表作《火星历险》（*A Martian Odyssey*）则被科幻大师艾萨克·阿西莫夫评价为“改变后世科幻小说写作方式的三部作品之一”，遗憾的是，温鲍姆只活到 33 岁就死于肺癌。

（三）剧作家安托南·阿尔托

“虚拟现实”的概念，最早是由法国剧作家、诗人、演员和导演安托南·阿尔托（Antonin Artaud）提出来的。1938 年，安托南·阿尔托在他的著作《残酷戏剧 戏剧及其重影》（*Theatre of Crueloy The Theatre and Its Double*）中，最早把剧院描述为“虚拟现实”，从艺术上为虚拟现实的定位做出了贡献。

《残酷戏剧 戏剧及其重影》于 2006 年 12 月由中国戏剧出版社出版了中译本，是安托南·阿尔托论述戏剧的重要著作，其中包括论文、讲座、宣言及信件。安托南·阿尔托被称为“残酷戏剧大师”，主张戏剧应该是残酷的，应该表现“生的欲望、宇宙的严峻及无法改变的必然性”；戏剧的功力在于使观众入戏，观众不再是外在的、冷漠的欣赏者；在理想的剧场中，观众坐在中间，四周是表演，舞台与观众融为一体。至于安托南·阿尔托为什么要把剧院描述为“虚拟现实”，以下观点可以略见一斑。

安托南·阿尔托提出，“戏剧表演和瘟疫一样，也是一种谵妄，也具有感染力”，“戏剧之所以像瘟疫，不仅仅是因为它作用于人数众多的集体，而且使人心惶惑不安。在戏剧和瘟疫中，都有某些既获胜又具报复性的东西。瘟疫在所到之处点燃了大火，我们明显地感到这场大火正是一次大规模的清算”。他从各个不同的角度对戏剧表演与瘟疫的异同进行对比，既体现了戏剧艺术的魅力，又体现了戏剧传播的速度与效果。

安托南·阿尔托认为，“舞台这个具体语言，是针对感觉，独立于话语之外的，它首先应该满足的是感觉”。他强调，“残酷戏剧”是指戏剧难度大，是指事物可能对我们施加的、更可怕的、必然的残酷。我们不是自由的。天有可能在我们头上塌下来，而戏剧的作用正是首先告诉我们这一点。

也就是说，安托南·阿尔托以舞台上的虚拟时空对观众的影响作为切入点，他注重观众的感受和反应，认为一旦观众进入剧院，就等于走进了一个虚拟的现实世界，因此，他称剧院为“虚拟现实”。这个“虚拟现实”的概念跟如今借助于计算机生成的沉浸式虚拟时空环境并不一样，却对我们理解 VR 的诞生与发展具有启发意义。

在我国艺术史上，也很早就有“三五步走遍天下，七八人百万雄兵”的说法，用于表现戏曲、戏剧等传统艺术的虚拟性特征和艺术表现力。一个小小的舞台上，主角后面站几个侍从，就可让观众联想到百万大军；将领们在舞台上走一圈，就能让观众想象出他们行军百里、追杀敌寇的过程。台下的观众在舞台上看到的尽管只是有限的演员和舞台动作，但能借助日常生活经验和联想、想象等生理心理机能，把舞台上虚拟的、有限的时空扩展为现实生活中真实的、无限的时空。这是 VR 诞生的实践基础，也是 VR 逐渐拥有越来越多用户的现实原因。

（四）摄影师莫顿·海林

1955 年，摄影师莫顿·海林按照阿道司·赫胥黎的《美丽新世界》等作品中关于人类未来的设想，设计出了 VR 设备原型图，并按照图纸用两年的时间发明了一台名为

Sensorama 的仿真模拟器。从外形看，这台外形巨大的机器很像一个普通的医疗设备，采用宽屏 3D 显示，主要通过三面显示屏展现空间感，且具有立体声的播放功能。除了 3D 显示器和立体声的音箱之外，还有气味发生器、能配合影片内容振动的座椅等。用户使用时需要坐到椅子上，把头探进设备内部，能够感受到自行车的颠簸及春风拂面的感觉，在当时，这台设备震惊了全世界。

莫顿・海林于 1962 年为他设计制造的 Sensorama 仿真模拟器技术申请了专利，并专门制作了六部电影短片进行推广，包括《与 Sabina 的约会》《我是一个可乐瓶》等，给人们带来了新奇感。但由于这台机器体积庞大，价格昂贵，很难实现商业用途和工业用途，最终因融资过程不顺利、销路没有打开等原因而宣告停产。即使如此，这项技术也具有划时代的意义，并引发了人们对 VR 更高层次的追求。

（五）科幻作家雨果・根斯巴克

1963 年，卢森堡的科幻作家雨果・根斯巴克（Hugo Gernsback）[1] 在 *LIFE* 杂志上发表文章，谈了他关于 VR 的新发明——头盔式电视设备 Teleyeglasses，带着两根长长的天线，头盔的正面还有几个旋转式按钮，此设备尽管跟如今市场上的设备有差距，但它的承上启下地位却是不可忽视的。

雨果・根斯巴克是个爱思索、爱研究科技的人，一生拥有 80 多项发明专利，曾于 1905 年揣着几百块钱到美国淘金，当时他准备在电子工业领域做些事情，便从欧洲进口了一些广播设备的元件，顺便想在业余爱好者中间普及一下无线电知识。当他在 1926 年创立了《惊异故事》（*Amazing Stories*）杂志后，开始专注于科幻小说创作，并显示出了把文学与科技融合到一起的天分，写了一大批情节构思、角色塑造和写作技巧都相当不错的作品，并在世界上第一次提出了“科幻小说”的概念。

1953 年，世界科幻大会（World Science Fiction Convention，WSFC）设立“科幻小说成就奖”并举行了第一届颁奖仪式，为了纪念雨果・根斯巴克对科幻文学所做的贡献，这个奖被命名为“雨果奖（Hugo Award）”，设立了最佳长篇小说奖、最佳中篇小说奖、最佳短篇小说奖等若干个奖项。每年评奖范围是前一年内出版的科幻作品，由 WSFC 的会员进行提名并评选，每一个奖项一般只有一个获奖作品，但一个作家可以多次获奖。该项赛事最初并不给获奖者颁发奖金，也不颁发奖品，但自从第 11 届颁奖典礼开始设计了一个带鳍状翼的火箭奖杯，两年后又设计了另一个底座形状不同的奖杯，从此形成了一个不成文的规定：每届奖杯的底座都会更换为不同的造型。

“雨果奖”在科幻文学领域是有一定分量的，与“星云奖（Nebula Award）”同为科幻界最受瞩目的年度奖项，被行业称为“科幻艺术界的诺贝尔奖”。比如，《哈利・波特与火焰杯》一书曾在 2001 年被授予“雨果奖”最佳长篇小说奖。又如，2015 年 8 月 23 日公布的此奖项中，我国科幻作家刘慈欣的《三体》一书是首次获得该奖项的亚洲作品。

---

1. 这个雨果，不是法国大文豪维克多・雨果，而是卢森堡科幻作家雨果・根斯巴克，我国作家刘慈欣的作品《三体》获得的“雨果奖”即为纪念后者而设立。

正是由于雨果·根斯巴克对科学技术的热爱和对科幻小说的痴迷，他基于科幻思路的这一设想在 VR 发展史上的意义是不可低估的，据称曾对 1968 年“达摩克利斯之剑”的诞生起到了启发作用。

二、VR 雏形

（一）VR 之父苏泽兰的“达摩克利斯之剑”

1968 年，被称为“VR 之父”的美国科学院、工程院两院院士伊凡·苏泽兰（Ivan Sutherland）在麻省理工学院的林肯实验室里，把作家和画家们关于 VR 的幻想带到了实验台上，他用计算机图像、立体显示等多种技术，设计生产了世界上第一台头戴式显示器，这也是世界上第一台头戴式 VR 原型设备，取名 Sutherland，又被称为“达摩克利斯之剑（The Sword of Damocles）”。

由于当时技术条件的限制，此设备除了设计复杂、组件沉重之外，使用时还需要一个机械臂吊住头盔。古希腊传说中，狄奥尼修斯国王请他的大臣达摩克利斯赴宴时，大臣看到他的头上用一根马鬃悬着一把利剑，随时都可能掉落。苏泽兰的设备形状有些类似，每次使用都“需要和天花板相连”，因此被称为“达摩克利斯之剑”[1]。苏泽兰为该设备设计

1. “达摩克利斯之剑”源于自古希腊传说，希腊文为 Δ αμόκλειος σπάθη，即 The Sword of Damocles，用来表示时时刻刻都存在的危险。公元前四世纪，叙拉古国王狄奥尼修斯（公元前 430—367 年）打击了贵族势力，建立了政权，但遭到贵族的反对，使他感到地位并不可靠。有一次他向宠臣达摩克利斯谈了这个问题，并把宫殿交托给他管理，允许他有完全的权力实现任何欲望。达摩克利斯为此感到十分满足，但在大庆宴会期间他无意中抬头看到在自己座位上方的天花板下，沉甸甸地倒悬着一把锋利的长剑，只有一根马鬃系着剑柄，随时都可能掉到自己头上，吓得他落荒而逃。狄奥尼修斯王说：“这把利剑就是每分钟都在威胁王上的危险象征，至于王上的幸福和安乐，只不过是外表的现象而已”。从此，人们用“达摩克利斯之剑”比喻安逸祥和背后存在的杀机和危险。

了六个主要部件，分别是计算机、限幅除法器、矢量生成器、矩阵乘法器、头部位置传感器和头盔。由计算机显示的两幅略有不同的图像通过光学透镜的反射，为用户呈现出一个立体三维的虚拟图像，用户在使用时可以看到叠加在真实环境之上的、具有简单 3D 几何形状的线框图，实现了 VR 的两个必备要素：人机交互与沉浸感，对于虚拟现实的发展具有里程碑意义。

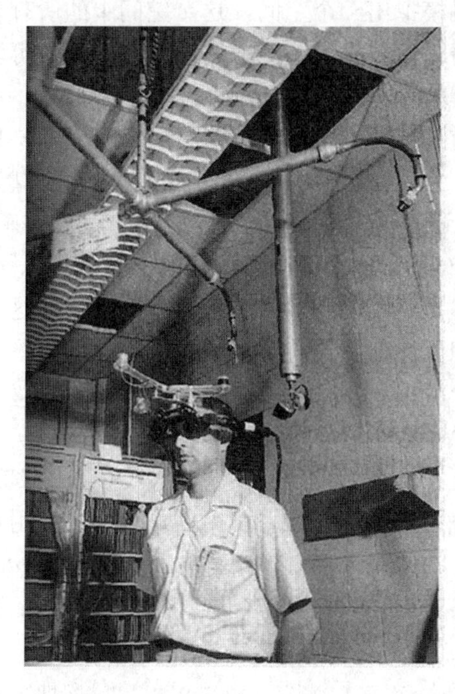

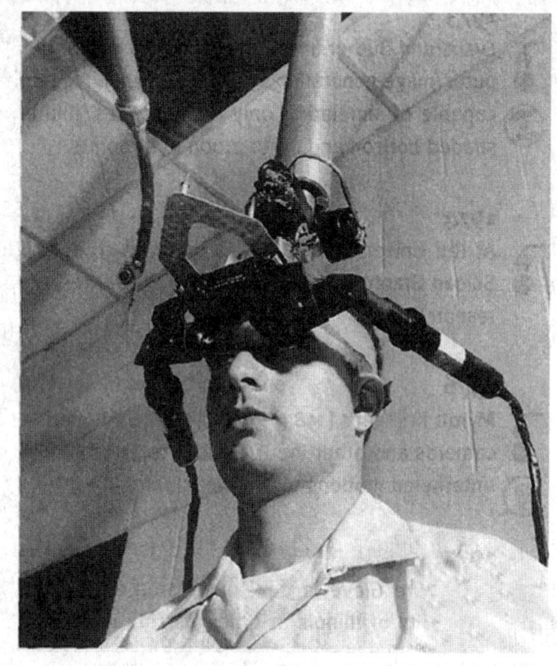

后来，苏泽兰又对设备进行了改良，利用小型计算机创建了一个虚拟空间，并设计了一个手枪形状的控制棒，用户利用这个控制棒可以控制虚拟房间内物体的显现，也可以将其打碎或者拼接。从头盔到控制棒，苏泽兰的“达摩克利斯之剑”为体验者建构了一个虚拟世界，在当时连鼠标都尚未诞生、只有台式电脑并且既巨大又笨重的情况下，“达摩克利斯之剑”的出现令人振奋，标志着 VR 硬件设备真正降临人间。尽管由于其技术性能有限而且比较笨重，并未在市场上推广开，但苏泽兰对 VR 的贡献是不可抹杀的，这也是他被尊称为“VR 之父”的主要原因。

苏泽兰除了被称为“VR 之父”，还有着“人工智能之父”“计算机图形学之父”等美誉。早在 1962 年，博士在读的苏泽兰在一个学术会议上提交了他的毕业论文和画板（sketchpad），时年 24 岁的他完成了有史以来第一个交互式绘图系统，被美国 *Desktop Engineering* 杂志评价为“打开了计算机图形技术的大门，开创了今天的 CAD（计算机辅助设计）的产生”。当时苏泽兰给该程序的定义是“人机交互图形系统”，其中的人机交互关系是他后来提出 VR 的一个关键因素，他创造的画板的价值，直到十几年后才被人们理解到，并引领了 CAD（计算机辅助设计）、CAM（计算机辅助制造）的发展。画板的成功，带动了鼠标、电子绘图等技术的发展，并对飞行模拟器、计算机仿真、电子游戏机等重要计算机技术的应用起到了重要作用。“人机交互”理念的提出，“达摩克利斯之剑”

的出现，使 VR 真正变成了现实。

1965 年，苏泽兰在他的论文《终极的显示》中首次提出："计算机屏幕是一个窗口，通过这个窗口，人们可以看虚拟世界。具有挑战性的工作是让那个虚拟世界看起来真实，在其中的行动像真实，听起来像真实，感觉也像真实"。他指出，人们是通过感觉和实际生活发生联系，现实世界让人感觉是客观存在的现实，原因在于人们能真正感知它，比如物体的形态、重量、味道等。如果可以利用计算机模拟出一个空间，这个空间中的所有东西都由计算机控制，物体逼真得让人如临其境，椅子可以坐人，汽车可以开动，子弹可以把人打死。苏泽兰的这一设想，直接推动了 VR 技术的发展。

研究发现，人类每天获取外界信息的第一渠道是视觉，平均占总信息的 85%左右，想要创造出 VR 虚拟世界，首先要解决"看"的问题，一是要利用双眼的视角差产生立体感，二是要使画面随着用户头部的转动而变化。苏泽兰还发现，人们能对现实世界产生真实感，是因为人在移动时，物体也有相应的变动。在此基础上，他希望借助计算机模拟这一过程，把人的双眼视线和外界环境隔离开来，从而产生虚拟现实的感觉，戴上头盔，是实现这个目标的比较简单可行的办法。头戴式显示器的设想因此诞生。

（二）迈伦·克鲁格及他的人造现实（Artificial Reality）

1969 年，迈伦·克鲁格（Myron Krueger）建立了一个人工现实实验室 VIDEOPLACE，他设想 VIDEOPLACE 能够不通过眼镜和手套围绕用户进行人工环境的创作，并回应用户的动作和行为。他在 VIDEOPLACE 所做的工作，为他在 1983 年所著的 *Artificial Reality* 一书奠定了基础。20 世纪 70 年代，迈伦·克鲁格提出"人造现实"一词，至今该词还有人使用。

迈伦对 VIDEOPLACE 中的光线跟踪（glowflow）、元游戏（metaplay）和物理空间（physics space）三个模块进行多次迭代，直到 VIDEOPLACE 成为了一个完全成熟的人造现实实验室，通过投影仪、摄像机和专用硬件将用户的轮廓显示在屏幕上，使用户能够借助局域网联机互动，在不同的房间内进行相互作用。通过这个技术，计算机分析、记录用户的行为并产生相应的人工环境，用户就能在屏幕上直观地观察自己的行为及结果。后来，VIDEOPLACE 永久地陈列在了位于康涅狄格大学里的美国国家自然历史博物馆。

随后，VR 相关技术飞速发展起来。1976 年，第一个 3D 游戏《夜晚驾驶者》上线；1977 年，关于白杨的虚拟仿真电影在麻省理工学院制作完成；1980 年，组成虚拟显示的各个设备都能在市面上购买到了：索尼的便携式 LCD 显示器和 35mm 广角镜片，Polhemus 公司的六自由度头部追踪设备，带关节动作传感器的手套，以及实时三维建模的显卡等，这一切都预示着 VR 技术即将进入民用领域。

1982 年，美国的电脑制造与游戏制作企业 Atari 公司开始资助前沿的 VR 技术，并成立了一个研究室，杰伦·拉尼尔（Jaron Lanier）、托马斯·齐默尔曼（Thomas）等都是旗下精英。托马斯·齐默尔曼在当年发明了世界上第一款把手部运动转化为电子信号的手套 DataGlove。

三、VR 早期产品

（一）世界上第一个真正投放市场的 VR 头盔

1984 年，美国 VPL 公司的创始人杰伦·拉尼尔（Jaron Lanier）创办 VPL Research，推出了世界上第一台面向市场的 VR 头盔 Eyephone，定价高达 10 万美元，尽管未能得到普及，他却是世界上第一个生产 VR 商品并真正投放到市场上的人。

1985 年，拉尼尔创办的“视觉编程语言研究所”（VPL Research，Inc.）成为世界上最早出售虚拟现实目镜和手套的公司。1987 年，拉尼尔提出“虚拟现实（Virtual Reality）”这一概念并使之被大众所知晓，这一年他才 20 来岁，他认为，“VR 实际上注重的是通过打造虚拟世界来完善现实世界，虚拟重于现实”。正是由于拉尼尔在 VR 领域的探索和贡献，所以被人称为“虚拟现实之父”。拉尼尔这一“虚拟现实之父”的称号，比起苏泽兰的“VR 之父”称号，尽管在业界影响力不够大，在人们心目中的分量也不一样，或者换句话说，尽管拉尼尔在虚拟现实领域的贡献比不上苏泽兰，但他能获得这一称号，也是很不简单的。拉尼尔作为著名的跨学科专家，集计算机科学家、互联网理论家、冷门乐器爱好者、艺术家、思想家、哲学家等多种身份于一身，把他关于虚拟现实的科技知识与艺术爱好融为一体，显出了他的独特之处。

按照拉尼尔的想法，如果能利用计算机模拟产生出一个三维的虚拟世界，就能向用户提供视觉、听觉、触觉等感觉的模拟。在这一想法的驱使下，他亲手组装了一台 VR 头盔，并将其投放到市场。因造价昂贵、推广困难等原因，目前这款 VR 头盔已经很难找到了，但作为第一个真正投放到市场上的 VR 商品，拉尼尔的贡献也是不可磨灭的。

当拉尼尔提出“虚拟现实”概念时，将其定义为“利用计算机模拟出的一个使人完全沉浸其中的虚拟三维世界”，即“用电子计算机合成的人工世界”，认为未来能将这种可以实现人机交互的 VR 技术应用到电子游戏、沟通交流、信息处理等各个领域，并最终变成现实。

据资料记载，美国《连线》[1] 杂志创始人、主编凯文 • 凯利（人称 KK）曾在 1989 年造访了拉尼尔的“视觉编程语言研究所”，在他后来写给《全球评论》的报道中，有这样一段关于 VR 的描述：

杰伦戴上头盔，进入了他刚刚创造的世界。很快，他趴伏在地板上，张着嘴，慢慢地挪动身体，在这个无名的小小宇宙中探索着未知之处。……我们轮流戴上另一副眼镜，每个人都仿佛无意识般地慢慢动起来，直到匍匐在地板上或是困在墙角处。……这是一个像梦一般没有止境的世界。这也是一个共享的世界。

正是由于拉尼尔富于想象力的创造，才让用户在现实世界并不存在的虚拟时空中感到了新奇和震撼，尤其是拉尼尔创造的 Hololens、Kinect 等产品，还能让用户在虚拟环境中看到自己，并身临其境参与到剧情之中，为 VR 策划与编导奠定了硬件基础。

（二）横井军平推出的世界首款 VR 游戏设备 Virtual Boy

20 世纪 90 年代，VR 已在人们中间成了热门话题，但技术的局限性仍然存在，致使 VR 操作烦琐，造价昂贵，并且用户在使用时有诸多不舒服感，只在科技、商业等有限的领域内使用，尚未在人们的实际生活中得到普遍应用。日本任天堂的 Virtual Boy 即是其中的一个代表。Virtual Boy 由横井军平设计，是游戏界尝试虚拟现实的第一款产品，被称为现代虚拟现实的第一代产品。

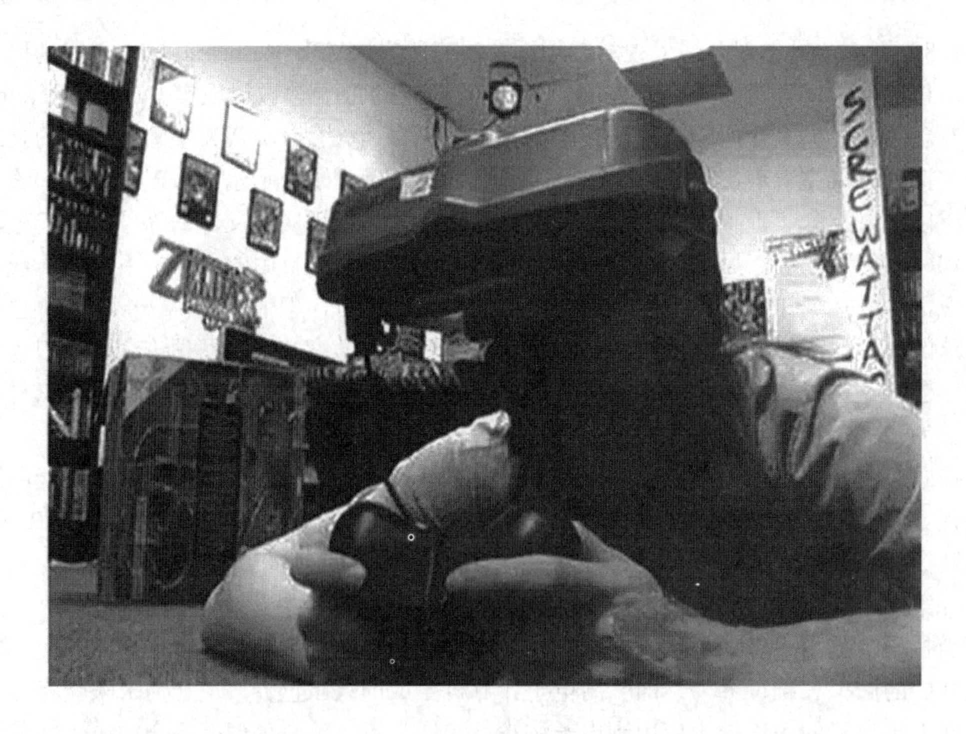

1. 《连线》是一本从人文角度探讨技术的杂志，关注技术对政治、文化、社会和伦理道德带来的影响，隶属于国际著名杂志出版商康泰纳仕集团。其文章主题几乎涵盖了技术的所有方面。

1991年，一款名为Virtuality 1000CS的设备诞生，被人幽默地称为“毫无舒适感可言”，并“充分地为当时的人们展现了VR产品的尴尬之处：外形笨重，功能单一，价格昂贵，虽然被赋予希望，但仍是概念性的存在”。后来，当时就职于任天堂担任社长的横井军平决定发布一款虚拟现实主机，取名为Virtual Boy，大张旗鼓地向世界市场推出一大批Virtual Boy，但因过于超前的思维与当时的VR发展现状不相匹配，仅上市两周就迎来了滞销的命运，以至于横井军平不得不因产品滞销而引咎辞职，该产品也仅仅在市场上存在了六个月就不得不宣告退出，被《时代周刊》评为“史上最差的50个发明之一”。

1997年，横井军平不幸遭遇车祸去世，遗憾没能看到自己最得意的作品在日后得以改造并受到极大重视。关于Virtual Boy的失败，有人归为内外两方面的原因，一是设计理念过于前卫，在当时的大环境下还没有能接受这种理念的土壤；二是技术存在局限，加上横井军平的弟子们由于种种原因拒绝参与游戏开发，有人担心风险而借故推诿，导致许多相关的游戏计划大幅度延迟，以至于在此之后的十几年内VR设备没再掀起热潮。

四、VR走向市场

（一）帕尔默·拉奇的贡献

在VR诞生后的几十年间，由于技术、设备、环境等各个方面的原因，价格昂贵的问题一直没有得到有效解决。杰伦·拉尼尔曾估计，在1990年要想造出一台基于手机的头戴VR装置，需要花费100万美元。在接下来的二十多年里，来自不同国家的发明者们用不同的方法改进了VR的质量，但成本一直没能降低。

直到美国一个名为帕尔默·拉奇（Palmer Luckey）的年轻人用自己的智慧，才“将虚拟现实带出了泥潭”。

帕尔默·拉奇是头戴式VR显示器欧酷拉Rift的“发明”家，但他的“发明”又与此前的VR发明有所不同：他不是从无到有、从概念到生产，而是靠DIY[1]，把他从各个不同地方寻找的各种性价比的VR部件组装到一起，显出了与众不同之处。

帕尔默·拉奇有着非常传奇的经历，他自幼钟情于游戏机，从小开始钻研VR产品，15岁创立行业论坛，还研究起了VR头盔这种在当时非常冷门的东西。他不到20岁时就创立自己的品牌与企业，被称为是“一位典型的硅谷创业传奇”。2012年，当时仅仅19岁的帕尔默·拉奇为了推广他发明的DIY式VR产品欧酷拉Rift，在Kickstarter上发起了众筹活动。据资料记载，帕尔默·拉奇此次众筹的对象原本只是虚拟现实的专业发烧友，目标只有25万美元，结果却一下子募集到了240多万美元。[2]当他完成首轮资本累积后，把第二版发售的开发包定位于开发者和核心用户，技术方面主要改进的是减少恶

1. DIY，即Do It Yourself，意思是自己动手做。一般指运用一定的原材料进行组装、加工等。

2. 另一种说法是此款于2012年登录Kickstarter众筹平台的虚拟现实头戴显示器“没有能成功集资，但获得了1600万美元的风投”。参见王寒、柳伟龙等的《虚拟现实：引领未来的人机交互革命》，机械工业出版社，2016年6月，第7页。

心、眩晕及 OLED 显示屏效果，使摄像头更好地捕捉用户的头部动作等，曾经预计“消费类版本将在 2016 年的一季度推出”，是“真正让普通消费者开始关注虚拟现实设备”的一个产品。

智能手机的快速发展，为帕尔默·拉奇的虚拟现实研究带来了契机，并引起了美国《时代》杂志等众多主流媒体的关注。在美国《连线》杂志主编凯文·凯利的专题报道《虚拟现实奇境漫游记》中，曾有这么一段记载：

> 智能手机在全球的迅速普及，推动着小型高分辨率屏幕的质量不断提高，成本不断下降。手机中嵌入的陀螺仪和运动传感器可以被用来追踪头部、手部和身体位置。而现代手机芯片的处理能力相当于过去的超级计算机，能轻松地在小屏幕上播放电影。便宜的屏幕和芯片无处不在。

从这一角度可以说，帕尔默·拉奇正是“在正确的时间点上，做了正确的事情”。他的成功绝非偶然。小时候，他并没有进入正规学校读过书，即使小学也是在家里接受母亲的教育和辅导。从 11 岁到 16 岁，他自己动手做了很多实验，特斯拉线圈、线圈炮、激光、修手机等，他都尝试过，因此，他的经济来源也多种多样，把出故障的 iPhone 修好再卖出去，当航行教练，修补船只等，都是他挣钱的机会。而虚拟现实，正是他除上述诸多爱好之外养成的另一个爱好。一方面是他对 VR 的极大兴趣，另一方面是当时已有的 VR 设备无法满足他的好奇心，失望之余，他决心打造自己的 VR 产品，便把他从各个领域赚的钱都拿出来用于“淘宝”，淘来了与虚拟现实技术相关的各种装备部件，并于 18 岁那年做出了第一台 VR 产品原型，从此便一发不可收。2014 年 3 月，帕尔默·拉奇的 VR 产品 Oculus Rift 被 Facebook 以 20 亿美元的高价收购成功，为虚拟现实界增添了一大新闻。帕尔默·拉奇的成功，激发了其他人对虚拟现实的巨大兴趣，吸引了很多创业者开始了虚拟现实项目。

（二）罗尼·阿伯维茨关于VR的设想

据称，“世界上最神秘也是估值最高的虚拟现实创业公司”是Magic Leap，这个公司的当家人是罗尼·阿伯维茨（Rony Abovitz），他痴迷于科幻小说和机器人，自己也经常画一些卡通画并以意识流为主要创作特色。

当大多数VR产品都是以智能手机为基础设施时，阿伯维茨显出了他的特异之处，据美国《连线》杂志主编凯文·凯利在《虚拟现实奇境漫游记》中介绍，“阿伯维茨选择了一条不同的道路。由于他曾在生物医学领域工作过，因此他意识到，在虚拟现实中，人是硬件不可分割的一部分。生物电路与硅芯片共存于虚拟现实的黑箱中。虚拟现实的临场感并非由屏幕创造，而是由我们的神经系统创造。类似于定向行走这样的技巧，与其说是由图像处理器来运行的，倒不如说是由我们的大脑来运行的。”

阿伯维茨的这一发现非同小可，他视虚拟现实为一种共生技术——机器与肉体的共生，这为真正解决VR眩晕症提供了新的思路。阿伯维茨说：“我认识到，如果给予意识和身体所想要的，那么，它们回馈你的会多得多”。在《连线》杂志主编凯文·凯利的眼中，阿伯维茨是与虚拟现实最不搭调的人，尽管如此，但不可否认的是，阿伯维茨对VR技术改进而提供的开创性思路却是值得永久借鉴的，有望推动这一技术取得突破性进展。

2016年12月7日至9日，上海“炫魔方VR影像季”吸引了来自世界各地的VR从业者和研究者，当用户站在一台设备的屏幕前，立即会在显示器中看到自己与兵马俑的合影，并能实现互动，开启了VR产品大众化及普通用户进行网购的信号。如今，这项技术在国内已经不是什么新鲜事，VR产品也已经是“遍地开花”了，随便在淘宝、京东、当当或卓越等网站上搜索VR或虚拟现实，就能立即搜索出多种多样、各有特色的头盔，从外形到材质、从产地到品牌、从颜色到质量等都差别很大，价位则从几十元到几万元不等，“窥一斑而知全豹”，由此可知 VR 在我国的用户群体分布之广及受欢迎程度之大。并且参与 VR 设计、生产与经营的单位和企业都在尝试根据自己的业务特长制定有关的 VR 技术标准。

2019 年上半年，小米公司推出了与 Oculus 合作研发的小米 VR 一体机，称“我们进行了无数工程和设计上的选择。最后排列组合出来的，是我们最满意的版本，也是我们认为综合体验在今年内无人能超越的版本”。小米公司推出 VR 一体机时，一方面表示充满自信，另一方面称“谈及具体的细节之前，也希望大家时刻记得虚拟现实现在的发展状况。它粗犷但充满潜力和想象，拿它和今天手机的完成度来比其实是不合适的。其实智能手机在诞生之时，也是饱受争议的设备，有很多人认为相对 PC（台式机）来说是一种‘倒退’”。基于这种“有限的自信”，小米公司从技术上回应了用户体验的问题：“在分辨率之外，决定 VR 体验更重要的是屏幕响应速度，也可以简单理解为屏幕上像素点的切换速度。当屏幕响应速度不够快的时候，你在手机上看不到，但在 VR 里头稍微一动，画面就非常模糊，根本看不清，导致用户眩晕。这就是低端 VR 里常见的运动模糊（Motion Blur）问题”[1]。

第三节 VR 艺术的特点

VR 艺术是伴随着“虚拟现实时代”的来临应运而生的一种新兴的艺术门类，国内有人撰文《虚拟现实艺术：形而上的终极再创造》，把虚拟现实空间称为“艺术新的栖居地”，并给 VR 艺术定义如下：“以虚拟现实（VR）、增强现实（AR）等人工智能技术作为媒介手段加以运用的艺术形式，我们称之为虚拟现实艺术，简称 VR 艺术。”[2] 国外专家则认为，“当传统的物质媒介被数字媒介取代后，艺术家已不再是真正意义上的艺术主体，取而代之的将是超越日常身份而相互交往的网络参与者，是随机演化的超媒体；艺术生成的主要方式将不再是目标明确的有意想象，而是随机性和计划性的新的结合；艺术所奉献的对象将不再是静观与谛听的受众，而是积极参与、恣意漫游的用户；艺术内容是主客观不可分割的‘数字化生存’；艺术的构成要素将不仅仅是人和自然，或者人性化的虚拟空间，而是包括智能生物、高级机器人等由高科技创造的新型生物”。美国加州大学马克·波斯特（Mark. Boston）教授的这一观点，为 VR 剧情的策划与编导提供了重要的启示。

作为当代前沿科技水平的综合体现，VR 艺术是通过人机界面，对各种复杂的数据进行可视化操作与交互的一种全新艺术语言，它吸引艺术家的重要之处，在于艺术思维与科技工具的合二为一，以及二者深层次相互渗透给用户所带来的全新认知和体验。与传统视

1. 参见马杰思《小米 VR 一体机怎么样？》，https://www.zhihu.com/question/279363020/answer/556686239，2018 年 12 月 21 日。

2. 李怀骥：《虚拟现实艺术：形而上的终极再创造》，https://wenku.baidu.com/view/f2bbea2c7375a417866f8f8b.html，2010 年 12 月 29 日。

窗操作下的新媒体艺术相比，交互性和扩展的人机对话是 VR 艺术呈现其独特优势的关键，也是 VR 剧情的策划与编导需要特别重视的要点之一。

从整体意义上说，VR 艺术是以新型人机对话为基础的交互性的艺术形式，其最大优势在于建构作品与用户的对话，通过对话揭示意义生成的过程。艺术家通过对 VR、AR 等技术的应用，可以采用更为自然的人机交互手段控制作品的形式，塑造出更具沉浸感的艺术环境和现实情况下不能实现的故事内容，并赋予创造的过程以新的含义。如具有 VR 性质的交互系统可以设置观众穿越多重感官的交互通道，艺术家可以借助软件和硬件的顺畅配合来促进受众与作品之间的沟通与反馈，产生良好的可操控性；也可通过视频界面进行动作捕捉，存储访问者的行为片段，以保持参与者的意识增强性为基础，同步放映增强效果和重新塑造、处理影像；通过增强现实、混合现实等形式，将数字世界和真实世界结合在一起。观众可以通过自身动作控制投影的文本，如数据手套可以提供力的反馈、可移动的场景和 360° 旋转的球体空间，不仅增强了作品的沉浸感，而且可以使观众进入作品的内部，操纵它并观察整个过程，甚至赋予观众参与再创造的机会。

当前，由于 VR 设备、技术、用户基数、消费者兴趣等诸多因素，VR 内容的策划、编导与制作不仅费时，而且成本高昂，用户体验感方面也有待提升，长篇 VR 作品还很少。“如果需要片商投入如此大量的时间和成本来制作 VR 电视连续剧，他们需要更大的用户基数和必需的硬件普及。除此之外，即便存在了用户和所需的硬件，内容本身也必须能够吸引观众。”[1] 一是目前 VR 显示技术还有很大的提升空间，二是 VR 节目的共同特点都是短，三是 VR 投资大，制作周期长，需要较大的用户基数及兴趣才能维持，四是 VR 内容生产的重要性值得重视。客观情况就是这样，在 VR 当前的状态下，单个作品主要设计为较短的格式，即便是首个大型电视 VR 节目“Invisible”，也是采取剧集形式将内容分为多个短篇。该剧由三星、Jaunt 和 Conde Nast 合作拍摄，导演是著名影片《谍影重重》的导演道格·里曼。开始时所有人都对“Invisible”一剧抱有期待，认为会是一部大型电视连续剧，实际上这个作品只有 5 集，每集只有大概 7 分钟。

总之，VR 是基于科学技术、精密设备，经多国多人多年共同努力形成的综合艺术。比起普通影视作品，VR 对技术和设备的要求更高。在用户获得真实感的问题上，VR 与普通影视有区别，也有共通之处，即都是基于受众的视听需求，都具有一定的艺术性和大众性。据行业人士分析，VR 这项技术正在拓展新的领域，并持续为原来的领域带来惊喜，如游戏。VR 还有部分领域尚未触及，而大型电视节目就是其中之一。虽然一些 VR 内容跟电视有关，但那并不是专门的 VR 大型电视节目。为电视制作长格式的 VR 内容仍然存在障碍，这是因为晕动症的影响和当前“头显”（即头戴式显示器）不适合长时间佩戴。

虽然 VR 发展迅速，并已从实验室建设走上了市场，但专门的 VR 大型电视节目还没有普及，而电视作为“客厅艺术”，公认仍处于“第一传播平台”[2]的地位，恰恰是大众化程度最高的艺术形式，也是 VR 未来呈现发展潜力的一大领域。

---

1. 颜映华：《为什么 VR 行业尚未出现大型电视节目？》，映维网，2017 年 3 月 27 日。
2. 孙宜君等：《电视名牌节目解读》，北京师范大学出版社，2016 年版，第 2 页。

第四节　VR 关键技术

VR 使用户产生如同“在场”的真实感觉并能置身其中，主要靠的是以下关键技术。

一、立体显示

VR 显示技术与普通影视的区别之一是立体感。用户在使用 VR 设备时感到很新奇，实际上原理很简单。VR 在显示时，呈现在用户两只眼睛中的是分别产生的不同图像，显示在不同的位置，由此形成视觉差异，使用户“自己欺骗自己”并形成立体的感觉。目前市场上流行的 VR 显示器以头戴式为主，一般都会向用户提供 VR 片源，通过扫描二维码或者下载 APP，进行注册后只需点击片源即可在手机屏幕上形成一分为二的两个小屏幕，用户在使用时一个眼睛看到奇数帧的图像，另一个眼睛看到偶数帧的图像，由于奇数帧、偶数帧之间的不同图像形成了视觉差，就产生了立体感。

二、感觉反馈

在 VR 系统中，当用户看到一只虚拟杯子并伸手去抓时，会得到相应的反馈感觉，这是 VR 交互性的表现之一，也是 VR 区别于普通影视的特点之一。尽管用户的手在 VR 系统中并没有真正接触到杯子，但可能感觉穿过了虚拟杯子的“表面”，这在现实生活中不可能的情况，却在 VR 中能够产生，只需在手套内层安装一些可以振动的触点并模拟触觉即可完成。

从感觉反馈的角度说，人会本能地追求 VR 的真实感，但这一追求会因人的情感系统带有天生的移情反应功能，从而把 VR 世界里的物体和真实世界画上等号。比如在 VR 里看到一只摇着尾巴的小狗，人可能主观地认定它对自己没有伤害而降低警觉性，因此会在感觉反馈的程度上比在现实世界中对小狗反应的强烈程度低一些。

如果长时间佩戴 VR 设备，眼睛与肢体都容易产生疲劳感，根据近年 VR 硬件设备的性能，允许用户体验的最佳时间段大约是 5 至 10 分钟，时间过长就会产生疲劳感。其他情况比如突然晃动镜头、突然停止画面或者帧率过低等，都会让用户感到不舒服。另外，重力感是唯一无法欺骗身体的感觉，比如在某个 VR 项目中过山车翻转了 180°，但实际上用户清楚地意识到重力还是朝下，这时不但沉浸感会降低，而且用户会有不舒服的感觉，除非该项目有可以旋转 180°的体验座椅搭配使用。

三、跟踪技术

在VR虚拟环境中，每一个物体相对于系统的坐标系都有一个位置，用户也是如此，用户眼睛看到的影像是由自己头部所朝的方向、所处的位置及物体的位置决定的。因此，用户可以利用跟踪头部运动的VR头盔实现“在场”的逼真感。在普通影视作品及传统的计算机图形技术中，用户的视觉系统和运动感知系统是相互分离的，场景的改变要通过视力或配合鼠标、键盘等配件来实现，而VR则允许用户借助于头部跟踪，随时随地使图像的视角发生改变，并使视觉系统和运动感知系统建立起适时的关联，不仅可以通过双眼的立体视觉去认识环境，而且可以通过头部的运动去观察环境，这才实现了各种感觉、知觉的逼真感。

四、声音

在VR系统中，声音的方向与用户的头部运动是无关的。即使如此，若在体验时把耳朵塞住，沉浸感可能会有所下降，因为人的耳朵除了感知声音传递，还负责人体的平衡感。如果不听声音而只看VR默片，损失的除了听觉信息，还有与声音感知相关的其他信息，因此效果会差很多。人脑计算声音的方向，靠的是声音传递到两只耳朵的强度差和时间差，然后分析出这段声音是需要被注意还是可以忽略，进而决定是否选择转头去往声源的方向看，就像是人脑具有“过滤”机制。正因为人脑有这样的功能，即使是在嘈杂的环境里，如果有人叫自己的名字也能听到。因为声音到达两只耳朵的时间、距离、强度都有所不同，当用户头部转动时，听到声音的方向就会改变。而立体声的效果要靠左右耳听到不同位置录制的不同声音，并在此基础上产生一种方向感。

据研究，人耳如果接收到3000Hz以上的高频音时就会下意识地往上看，而接收到750Hz以下的低频音时会下意识地往下看，这是VR项目在策划与编导时引导用户听觉与视线走向的理论依据。

五、语言

人把语音输入VR系统时能得到处理，仿佛VR能“听懂”人的语言，并能通过输出设备与人进行实时交互，也是如同VR系统实现其他功能一样经过了计算机的复杂运算。人们在尝试把人的自然语言输入计算机时遇到两个问题：一是效率，为便于计算机理解，输入的人类自然语言可能无法做到言简意赅。二是正确性，计算机没有人的智能，理解语音的方法是对比和匹配，因此无法保证百分之百正确。实际上，计算机识别人的语音确实是有一定困难的，如连续语音中词与词之间没有明显的停顿，同一字词的发音受前后字词的影响，不同人说同一个词时会有所不同，即使是同一人发音也可能因受到心理、生理和环境的影响而有所不同，从而造成一定的误差。

可见，VR 技术对艺术的决定作用是不可忽视的，尽管我们一直强调剧情策划编导及故事情节对 VR 艺术的重要作用，但 VR 对技术的依赖要远远超过普通影视作品。

第五节　VR 策划与编导的概念及其关系

一、关于策划

（一）策划的概念

策划指对某件事、某个项目采取什么计划实施，以求达到更好的效果，其实质上是对各种方式、方法的综合运用。在我国，策划是一个古老且用途广泛的词语，该词“最早见于《后汉书·隗嚣传》，意思为计划、打算”。[1] 在《礼记·中庸》中，“凡事预则立，不预则废”意为“不论做什么事，提前计划就能成功，否则就会失败”，其中的“预”也可理解为策划的意思。《晋纪》中则有“魏武帝为丞相，命高祖为文学掾，每与谋策画，多善”的记述，据后世学者研究，此处的“策画”也就是今天的“策划”[2]。

中国是有五千多年文明史的国家，历史上曾有过所谓“英雄策划”的时代，出现过许多圣人和谋士，留下了许多成功的策划案例，如“二桃杀三士”“田忌赛马”“三分天下”“杯酒释兵权”等。此外，还有反面的“策划”案例，如赵高的“指鹿为马”、秦桧的“莫须有”、慈禧的“垂帘听政”等。成功的策划案例中，最著名的是诸葛亮“三分天下”的“隆中对策”，一介书生在茅庐中完成的策划，竟然奠定了中国的历史。

（二）我国的影视策划

了解影视策划的背景与概况，有利于理解 VR 剧情策划与编导的重要性，端正 VR 剧情创作的态度，了解 VR 剧情的策划编导与普通影视的策划编导的不同之处和相同之处。

在我国，电影最早诞生于 1905 年丰泰照相馆为京剧演员谭鑫培拍摄的《定军山》片段，电视剧诞生于 1958 年 6 月北京电视台为宣传节约而拍摄的《一口菜饼子》，早期电影和电视剧创作拍摄过程中并没有专门的“策划”岗位，而是一般由导演或其他主创人员兼任，并且当时影视工作人员大都是从广播、文学等相关部门转岗过来的。随着影视业务的逐渐发展，到了 20 世纪 90 年代前后，贴片广告、植入广告开始出现于影视作品中，特别是随着频道专业化使广告时段逐渐独立，行业竞争越来越激烈，为了确保作品成功，减小项目风险，才在导演、编剧、演员等之外出现了制片人、策划等职位，并在行业发展中越来越走向了规范化和专业化，如开拍前邀请专家、学者对剧本进行研讨、论证，就可以算

1. 吴灿：《策划学》，中国人民大学出版社，2004 年 1 月版，第 3 页。
2. 张静民：《电视节目策划与编导》，暨南大学出版社，2001 年 8 月版，第 25 页。

作影视策划的最初形式。

我国的影视在初创时期都是在计划经济体制之下进行运作的，最初是以政府投资为主，以“自产自播”为特点，并且当时都是以社会效益而不是以经济效益为最终目的的。因此，传统意义上的电视剧生产一般被归为“精神生产”，通常具有的是舆论导向功能，起的主要是宣传教育作用。比如，前述的电视剧《一口菜饼子》，就是配合中央提出的“忆苦思甜”“节约粮食”等宣传口号而制作的，根本谈不上赢利。作为我国第一部电视连续剧，《一口菜饼子》明显地具有中国特色，并代表着此后若干年我国文艺发展尤其是影视文艺发展的大体方向。

随着 20 世纪 90 年代以后市场经济的日益完善，影视市场初步形成，策划工作正式被业界认可，成了电视剧制作机构和制片人的自觉行动，自此，策划角色正式被引入了影视创作和生产之中，并在片头或片尾的编、导、摄、录、舞美、灯光、道具、音乐、监制等传统的职务署名以外出现了总体设计、节目设计、总策划、策划、执行策划等。在中央电视台各个频道陆续上星，省级台也先后上星之后，影视竞争越来越激烈，加上网络视频节目的快速发展给影视带来了冲击和挑战，策划的重要性越来越受到了重视。从这个意义上说，影视竞争越激烈，策划就越有市场，也就越来越显出策划的必要性。

到了 20 世纪 90 年代中后期，广播影视业明确属于“第三产业”，逐渐获得了经营自主权，并逐渐开始了改革。1993 年，计划经济体制下电影的统购统销、自产自销及由此形成的制片、发行、放映三者之间经济利润不合理的局面发生了变化，从发行业开始了影视改革与产业化的萌芽。到了 1997 年，完全取消了国有制片部门的“行业老大”地位，影视制作资金的来源逐渐扩大。21 世纪初，原本被定性为“事业”、带有公益及意识形态色彩的影视文化真正步入了“产业”的范畴，赢利成为影视生产与制作的重要目标之一。

随后，许多民营影视制作公司如雨后春笋般涌现出来，市场竞争日益激烈，一时之间，如何策划优秀的选题开始成为影视剧市场的重要环节。为在市场竞争中争取主动，影视剧在正式开始运作之前，甚至在剧本选题确定之前就引入策划环节，制作机构、投资方、制片人、导演等人开始有意识地从题材范围、目标受众、播放市场等各个方面进行策划，不但具有明显的前瞻性，而且具有较强的市场经济特征和商业目的性，使影视剧策划在业界成为一种“时尚”，并作为影视剧运作中的“必选动作”而蔚然成风。所有这些，都为虚拟现实的诞生与剧情策划奠定了基础。

（三）策划的误区

如今，策划已成为各行各业的热门话题，大到治国理政，小到亲友相聚，都离不开策划，因此策划人才成了紧缺人才，包括 VR 在内的整个影视界已经离不开策划，但关于策划还存在一些误区。

策划的误区之一：策划就是点子。策划不等于点子，点子只是一个点，是瞬间形成的，带有主观色彩；而策划则是一个整体、系统的实施过程，是主客观相结合的产物，并要经过周密的论证和深入的调查才能变成可行性方案。

策划的误区之二：策划就是创意。策划也不完全等于创意，因为创意可能是局部的、短暂的，虽然前期也可能经过论证和调查，但不像策划那样涉及方方面面，并且要有具体、详细、可行的方案。

策划的误区之三：没有长远眼光。策划需要周期，尤其是对 VR 这样既需要新技术又需要重金投入的项目，在策划前必须对可能投入的时间、精力和资金有充分了解，既不能目光短浅，也不能半途而废。在策划界有一个知名案例，那就是可口可乐进入中国市场以来的前十年一直没有赢利，从 1981 年无偿把生产线赠送给我国开始，一直到 1990 年，赔了整整十年钱，直到 2004 年的一份来自北京大学和美国南卡罗来纳大学学者的研究报告《可口可乐对中国的影响》，才通过实际数据表明“可口可乐如今在中国赚钱是赚疯了”。[1]

策划的误区之四：一味迎合人们的消费心理。策划要在对项目有充分了解的前提下充分展示项目的优势，而不能一味迎合人们的消费心理，更不能耍小聪明。曾经有一个服装厂积压了很多产品，请了一个策划大师解决这一问题，他想出了一条“妙计”，利用生活中人们爱占小便宜的特点，一方面提高衣服的价格，另一方面，当批发商进货时，在每 10 件衣服的包装袋里故意多放一件。货确实很快发出了很多，但不久后，来退货的批发商也越来越多，退回来的每个包装袋里只有包装上写明的 10 件。这是成功的策划吗？不是，而是一味迎合人们的消费心理，实质上是耍小聪明。有的人以次充好，经过吹嘘把货卖出去，甚至有的人钻法律的空子，这些都不是真正的策划。

策划的误区之五：酒香不怕巷子深。“酒香不怕巷子深”是我国传统社会长期坚持的，它强调的是产品的质量，但忽略了策划及信息传播的重要性。在过去生产力水平不高、信息传播不够快速的时代，“酒香不怕巷子深”有一定的道理，但在信息爆炸、科学技术高速发展的今天，再香的酒也要宣传自己的优势，想方设法让更多的人了解，因为酒香是别人觉得香，而不能仅仅靠自己认为香，这个过程就需要策划。

策划的误区之六：无商不奸。“君子爱财，取之有道”本是规矩，但有些人存在一些错误的经营思想，比如以前流行的“无商不奸”，其中就包含着错误的策划观念。随着我国法制建设的日益完善、经济建设逐渐步入正轨，尤其是加入世界贸易组织之后，包括经济在内的各项事业都越来越规范，只有公平交易，以良好的信誉和优质的服务树立自己的品牌，才能在激烈的市场竞争中取胜。而那些信奉“无商不奸”，以追求短时效益而欺骗消费者的行为，是不会有好结果的。

从目前的国内外环境来看，一是我国倡导的“人类命运共同体”正在日益变成现实，无论物质产品还是文化产品，都要在共同的规范和标准之下进行生产和营销，二是除了商品本身的质量要足够好之外，越是公开透明、诚实守信，越是能够被用户接受。在此情况下，人们不但越来越重视策划，而且越来越多地把高科技手段融入策划过程，以便从产品生产、销售、服务等各方面更能吸引用户，在此背景下，策划的重要性和必要性越来越明显。对于 VR 来说，无论 VR 项目、VR 作品还是 VR 设备，在从无到有的过程中都需进行策划。

---

1. 吴灿：《策划学》，中国人民大学出版社，2004 年版，第 9 页。

二、VR策划

VR策划就是在了解VR概念和特点的基础上，为了实现理想的艺术效果与商业目标而实施的市场行为，根据已掌握的技术、信息和知识，调动智力和经验，通过对沉浸感和交互性的设计，提升VR作品的想象性，使用户更好地沉浸于作品之中而获得更真实的身临其境感，并对VR作品的生产与传播进行创造性定位和规划，以求获得最佳效应和最佳结果。

VR策划与影视策划最大的相同点在于，都必须要从受众的视听兴趣、接受方式、接受效果等方面考虑剧情，不同之处在于，VR策划除了解决视听方面的问题之外，还要解决沉浸感、舒适度等问题。

从起源上说，国外VR与影视都是基于用户的娱乐需求，是同源同宗的。如前所述，无论科幻小说中的幻想、画家笔下的描绘还是VR“发烧友”的摸索，都离不开人类的娱乐本能。在国内，情况则与国外有所不同，那就是国内影视作品并非起源于单纯的娱乐，而是离不开“实用”目的。比如，第一部国产电影《定军山》作为照相馆老板送给朋友谭鑫培的生日礼物，实质上是戏曲纪录片；第一部电视剧《一口菜饼子》作为电视台响应政府号召对人民群众进行“节约粮食”的教育引导，实质上是广告宣传片。国内的虚拟现实技术既应用于游戏、影视等娱乐行业，也应用于医疗、航空等实用行业。

有学者提出“策划不是学”的观点，这个观点“体现了一种批判，是对各种冠以‘策划学’为名‘从理论到理论’的著作、论文撰写的批判；也体现了一种变革，是对各种试图归纳策划之定则、框架‘形而上’理论的变革；更体现了一种企图，是本书以一种‘流程化’的模式进行策划解读的企图”[1]。也就是说，关于策划的重点不是理论研究或框架建设，而是应以“归纳经验性观念”与“提出应用性原则”为之要义所在。对于VR这种在新时代由新技术和新理念催生的新事物来说，从理论到理论式的研究不如“归纳经验性观念”或“提出应用性原则”。

同时我们也要看到，关于VR的“经验性观念”和“应用性原则”不是从天上掉下来的，也不是自然而然形成的，而是既要靠实践的积累，也要靠理论的指导，有时还要从相关或相近的行业吸取一些经验并举一反三。

（一）VR策划原则

1. 前瞻性原则

VR的运作有一定的周期性，一部VR作品，不管是VR影片、VR电视剧、VR游戏还是其他类型的VR作品，从开始策划设计到完成后投入市场，其间要历经相当长的时间，一旦开始就不能轻易停下来，所以要求在项目开始之前就将可能牵涉的所有问题都妥善安排，只有充分发挥策划的前瞻性，才能避免VR运作过程中出现大的失误。目前，我国VR

1. 徐帆、徐舫州：《电视策划与写作十讲》，浙江大学出版社，2009年7月版，第3页。

的发展还不够充分，包括内容生产、网络传输、显示技术等，都还存在一定的不理想情况或不可控因素，对策划的前瞻性提出了更高的要求。

Facebook 和 AMD 的研究都显示，VR 体验的完美分辨率是 16K，而我们现在才处于 2K 刚起步的时代。[1] VR 体验对时延的要求非常高，随着 VR 数据量的爆炸式增长，网络传输能力将是重大的瓶颈之一[2]，这是国际上普遍存在的 VR 共性问题之一。在我国，5G 技术的创新与突破，为 VR 发展带来了新的生机。据“高交会 2019”[3]官方消息，于 2019 年 11 月 9 至 17 日在深圳举行的第 21 届中国国际高新技术成果交易会（简称高交会）上，VR 技术得到了广泛应用。从 VR 应用领域看，5G+VR 智能教育、5G+高清视频会议、5G+AR 眼镜、5G+超声诊疗、5G 切片+云游戏、5G+无人机、5G+V2X 等 5G 项目，以及物联网模组、工业物联平台等，都离不开 VR；从移动终端产品看，目前国内市场上主流的 5G 手机，如 vivo Nex3、iQoo Pro、小米 9 Pro、中兴天机 Pro、华为 Mate20X、华为 Mate30、三星 Note10、三星 A90 等，在本届“高交会”上都有展示，其中大部分都能支持 VR 应用软件。VR 剧情策划的前瞻性原则，要求我们在进行策划时要对技术、设备、用户等都有充分了解，并能预测到未来两至三年内用户的需求。

2. 可操作性原则

剧情策划是 VR 策划的一个基础性的重要部分，无论 VR 游戏、VR 影片、VR 电视剧、VR 宣传片还是任何其他各类的一个 VR 产品，讲一个什么样的故事、怎么讲这个故事、讲出来的故事什么样、想起到什么效果等，都是要充分考虑到可操作性的问题。这一问题不仅关系到技术层面的实现，也关系到艺术层面的效果及用户的接受度、舒适感和审美体验。

VR 策划的另一个重要内容是对投资与市场的策划，而这部分策划内容将直接关系到 VR 的传播范围和社会经济效益，如果投资人的投资属于商业性行为，就需要重视策划方案的投资回报率和市场预期性，即必须具有可操作性。所以对于商业性的 VR 来说，策划的重点是市场与营销。

---

1. 此处的“现在”是《虚拟现实：下一个产业浪潮之巅》一书出版日期 2016 年 9 月一年之前即 2015 年 9 月之前的数据，此书作者是美国的斯凯·奈特，仙颜信息技术有限公司创始人刘卫华等人担任翻译。参见[美]斯凯·奈特《虚拟现实：下一个产业浪潮之巅》（译者序），仙颜信息技术译，中国人民大学出版社，2016 年 9 月版，第Ⅲ页“中文版的付梓与原著的出版时间相差一年左右”等字样。

2. [美] 斯凯·奈特：《虚拟现实：下一个产业浪潮之巅》（译者序），仙颜信息技术译，中国人民大学出版社，2016 年 9 月版，第 I 页。

3. “高交会 2019”全称为中国国际高新技术成果交易会 2019 年年会，由中国商务部、科学技术部、工业和信息化部、国家发改委、农业农村部、国家知识产权局、中国科学院、中国工程院等部委和深圳市人民政府共同举办，每年在深圳举行，是目前中国规模最大、最具影响力的科技类展会，有“中国科技第一展”之称。经过多年发展，已成为中国高新技术领域对外开放的重要窗口，在推动高新技术成果商品化、产业化、国际化以及促进国家、地区间的经济技术交流与合作中发挥着越来越重要的作用。“高交会”集成果交易、产品展示、高层论坛、项目招商、合作交流于一体，重点展示节能环保、新一代信息技术、生物、高端装备制造、新能源、新材料等领域的先进技术和产品。VR 是近几年重点展示的技术和产品。

除了商业类 VR 产品，还有公益类 VR 作品，此类 VR 策划也要注意可操作性原则，比如 VR 公益广告，就存在一定的制作周期问题。所以要注意对用户的导向性，这就无形中在策划上提出了更高的要求。2017 年，哈根达斯宣传团队发布了首个 VR 公益广告，把公益主题与产品特点联系起来讲述品牌故事。这个 VR 公益广告的主题是保护野生蜜蜂，以一只蜜蜂的视角进行叙事，使用户通过逼真的 VR 技术，身临其境地跟着嗡嗡的蜜蜂飞过花丛，了解到由于气候环境的变化，以及人类活动的影响。自 2006 年起就有大量野生蜜蜂开始消失，致使哈根达斯旗下约 60 种口味的冰激凌产品中有 40%面临停产威胁。这样的 VR 作品，把舌尖上的诱惑与小蜜蜂的可爱有机结合在一起，取得了比较好的效果。

3. 思想性、艺术性、技术性并重的原则

思想性指 VR 作品的题材内容、故事情节、价值导向、深层意蕴等；艺术性指 VR 作品的角色设置、声画效果、互动程度等；技术性指把作品思想性和艺术性有机结合起来的技术手段与方法，三者缺一不可。从目前市场上的 VR 片源来说，广告和纪实性作品占多数，情节片相对较少，用户真正需要且既符合影视艺术标准又符合 VR 技术标准的优秀情节片更少。长期以来，我国文艺批评的标准是马克思主义“美学的历史的相结合的最高的批评标准”，美学的标准指形式方面，历史的标准指内容方面，并且两者要有机结合在一起。对于 VR 来说，除了符合上述两个标准即形式上要满足用户视听方面的审美需要，内容上要人物性格在故事情节中展现，有情节的起承转合并环环相扣等，此外还要在技术上满足用户对沉浸感、交互性、想象性等的要求，否则，如果不能让观众融入剧情之中体会身临其境的感觉并因剧情而被感染、受感动，那就说明思想性、艺术性、技术性三者的结合还不够，技术还没有达到为思想性和艺术性服务的目标。

4. 社会效益第一的原则

从 VR 诞生至今，发挥的作用及取得的效益主要体现在军事、航空、医疗、探测、游戏、广告、宣传等行业，大规模的民用还没真正开始。“从 2013 年到现在，VR 经历了快速的发展，令全球的科技、影视等商业巨头纷纷砸巨资押注未来。”[1] 尤其是从 2014 年 Facebook 斥资 20 亿美元收购 Oculus 后，VR 与 AR 在市场上一炮走红，影响遍及全球。2017 年，全球 VR 头戴式显示器的出货量约为 836 万台，从 2017 年下半年以来，曾盛极一时的 VR 与 AR 市场开始走向平静甚至下滑，2018 年前两个季度全球 VR 头戴式显示器的出货量降低了 30%，有人据此提出了“VR 寒冬论”的观点，但从 2018 年第三季度开始复苏，全球第三季度出货量接近 190 万台。随着资本的涌入、智能手机的发展及芯片的更新换代，可以预测，在不久的将来，VR 即将成为引导影视发展的一股洪流。

在当前传媒手段日益丰富、传播平台日益多样的背景下，包括 VR 在内的所有文艺作品的策划和编导都面临着社会效益和经济效益如何协调，以及当二者出现相互矛盾的情况下如何以社会效益为重的问题，任何时候都不能为了单纯追求经济效益而有损于社会效益，

1. [美]斯凯·奈特：《虚拟现实：下一个产业浪潮之巅》（译者序），仙颜信息技术译，中国人民大学出版社，2016 年 9 月版，第 I 页。

一是要遵循内容和形式方面的一般规定，诸如不搞民族歧视和性别歧视，不表现血腥、暴力等内容。二是要注意，好的作品应该是把社会效益放在首位，同时也应该是社会效益和经济效益相统一的作品，同社会效益相比，经济效益是第二位的，当两个效益、两种价值发生矛盾时，经济效益要服从社会效益，这不仅是政策方面的提倡和要求，也是作品能否保持长久生命力的重要前提。

（二）VR 策划类型

1. 按所策划节目的形式，可分为 VR 栏目策划和 VR 节目策划

栏目是指在相对固定的时间内播出的具有固定长度、固定风格的系列节目的总称，而节目是指特定时间中播出的或在某些固定栏目中播出的相对独立的具体内容。一般情况下，栏目和节目是包含与被包含的关系。比如 2016 年 11 月 20 日，“战·无极”中外拳王对抗赛在山东威海体育馆隆重举行，中国功夫全能技战队五名队员与来自法国、意大利、罗马尼亚等欧洲国家的五名搏击高手进行了激烈角逐，山东广播电视台 VR 频道采用目前国内最先进的 VR 数据采集、在线动态包装、后期虚拟演播室、3D 建模等一整套视频解决方案和影视级特效手段，进行了全程转播，并在此基础上打造了国内知名的“VR 搏击秀”节目包[1]，取得了传播的成功与影响力的扩散。山东广播电视台 VR 频道创作团队在前期策划过程中，把策划重点放在每天或每周固定时间、定期播出的策划定位，即栏目策划。同时，他们还把策划重点放在每期播出的具体时间、节目长度、是否请解说员进行现场解说、是否请嘉宾进行即兴点评等，这些属于节目策划。

据网易体育报道，2016 年 12 月 28 日，“未来已来——山东广电传媒集团 VR 产品发布会暨签约仪式”在山东广播电视台举行，山东广播电视台台长、山东广电传媒集团董事长吕芃与北京博克森传媒科技股份有限公司董事长刘小红就《VR 搏击秀》项目进行了签约。山东广播电视台 VR 频道总监、山东广电视觉科技有限公司 CEO 李森表示，“VR 技术和搏击运动有一种天生的结合点，是一种天作之合。两者都特别强调现场的沉浸感和视觉的冲击力，就 VR 摄像机目前的技术条件而言，它的最佳机位也恰恰和搏击比赛的空间能够融合起来”，这是双方合作制作 500 个小时《VR 搏击秀》节目包的技术前提，也是 VR 策划的一个典型成功案例。

1. 《中外拳王对抗赛：山东广电打造“VR 搏击秀”》，网易科技，2016 年 11 月 21 日。

需要说明的是，栏目与节目的区分不是绝对的。例如，在暨南大学出版社出版的《影视节目策划与编导》一书中，电影和电视剧被归为“影视节目”；而在中央电视台综合频道午间播出的韩国电视剧《人鱼小姐》片尾，则有“栏目主编”的署名，这就说明栏目、节目与影视剧的划分是相对的，没有绝对的、完全统一的标准。

VR 影视也有类似的情况。如今很多电影尤其是动画电影在策划与编导过程中都离不开虚拟现实与增强现实等技术的运用，在电影院播放的电影，拿到电视台的电影频道播放时则可能被视为栏目中的节目。如果说沉浸感借助于 3D 和 IMAX 也能实现，那么交互体验与真正的“在场感”则需要在 VR 影片中才能真正实现。曾经在《哈利·波特》《变形金刚》场景中认为已经享受到了极限视觉盛宴的受众，当《阿凡达》来袭时才发现从前的那些技术都不值一提。2014 年，《速度与激情》系列作品的导演曾执导一部 VR 短片“Help”。2017 年 3 月，Oculus 旗下的电影制作部门 Story Studio 带来了第三部 VR 影片“Dear Angelica”。如今，在佩戴 VR 头戴式显示器还是欣赏 VR 影片的必备条件之际，裸眼 VR 技术已经在探讨之中。

2. 按策划的内容，可分为 VR 的角色策划、情节策划、剧本策划等

（1）角色策划

角色策划指以 VR 作品中的角色形象为重点进行的策划，对于各类比赛、时装秀、真人秀之类的 VR 作品来说，角色策划相对简单一些，按参加者的实际情况、人物特点、作品类型、宣传重点等进行策划即可；而对于 VR 影片、VR 电视剧、VR 网络剧、VR 游戏等之类的作品来说，角色策划不但相对复杂一些，也相对重要一些，角色是否具有性格特点，角色之间的关系是否合理，感情发展是否符合逻辑，是否具备个性与共性的统一，将直接决定着作品能否受欢迎、受多少用户欢迎及受欢迎的程度。

（2）情节策划

情节策划指以 VR 作品的故事情节及其开端、发展、高潮、结局为重点进行的策划。情节是叙事类作品被关注的重点，更是 VR 作品成败的关键。如果说对上述各类比赛、时装秀、真人秀之类的 VR 作品来说，剧情策划相对简单，而对于 VR 影片、VR 电视剧、VR 网络剧、VR 游戏等之类的作品来说，比起角色策划，情节策划不但相对复杂一些，也相对更重要一些。VR 剧情至少要满足两个条件：一是要在适应 VR 技术、实现 VR 功能等方面，具有能产生交互性和沉浸感的可能，即允许用户融入剧情之中成为故事情节的一部分。二是 VR 的故事情节本身要满足优秀影视情节的基本条件，比如每隔几分钟出现情节的起伏变化，每隔几分钟出现一个小高潮等，都要符合叙事学的规律。如果说第一个条件主要受 VR 技术的制约，可以不作为本书讨论的重点，那么，第二个条件则主要受策划者艺术水准和策划经验的制约，是本书重点要解决的主要问题。情节之间是否由因果关系推动、各个情节能否形成环环相扣的关系、如何妥善处理“一因多果”“多因一果”并安排用户喜欢的情节，是情节策划的几个要点。

（3）剧本策划

剧本策划又称故事本策划，是在角色策划与情节策划的基础上，以文字为载体进行的全方位策划，以便给导演与全体演职人员提供案头依据。剧本是“一剧之本”，是整个 VR

项目的基础，也是 VR 作品成功的关键，需慎重考虑对待。无论哪种类型、哪种内容的 VR 项目，若想运作成功，都至少需要“三子”（本子、班子、票子）作为前提，其中本子排在第一位。

尤其是对于情节类的 VR 项目如前述的 VR 影片、VR 电视剧、VR 网剧、VR 游戏等来说，剧本策划显得更为重要，因为本子中除了包括角色特点、情节走向等必备的叙事元素，供全体剧组人员参考，直接为各个工种接下来的工作提供清晰的脉络，而且包括角色小传、故事梗概、分集大纲、目标用户等“干货”，便于所有的主创人员在短时间之内把握此项目的精髓，避免 VR 编导、制作与传播走弯路。

3. 按策划的阶段，可分为 VR 的前期策划、中期策划和后期策划

VR 策划不是“一锤定音”的工作，而是在 VR 项目策划、制作、传播过程中贯穿始终的。从阶段性来说，VR 策划包括前期策划、中期策划和后期策划三个阶段。在前期策划中，至少要本子、班子、票子“三子”齐备，尤其是本子必须思想性、艺术性俱佳并且适应技术性的要求，达到剧本“思想精深”“艺术精湛”的标准，才可能为实现“制作精良”打下坚实的基础。中期策划的重心在于 VR 剧本的故事内容、艺术形式如何通过技术手段加以实现，达到三者的完美统一，尤其是如何通过技术标准的提升，实现用户的沉浸感。到了后期制作与合成阶段，除了要注意借助于技术手段进一步提高作品的思想性和艺术性，还要注意宣传策划，让更多用户了解此 VR 项目与其他项目的不同及其特点、优势等，才能在拥有潜在用户的同时扩大用户群体。

4. 按策划的主题，可分为 VR 的选题策划、制作策划、播出策划和营销策划

选题策划是 VR 项目的核心，选一个什么题目，做一个什么作品，用一个什么概念，谈一个什么话题，不但决定着 VR 项目的人脉，而且决定着 VR 项目的生命力。比如 VR 网的第二期公益活动推出了“关爱老人”的选题，于 2018 年年初携战略合作伙伴 IDEALENS，借助 VR 技术为北京市朝阳三丰里社区养老服务驿站的老人们带来了新奇的 VR 体验[1]，受到热烈欢迎。

制作策划有一定的技术要求，用什么 VR 设备，选什么技术人员，组建一个什么样的团队，用什么软件和硬件等，都需要提前策划，有备无患。制作环节在整个 VR 从无到有过程中，是最重要的环节。

播出策划问题相对更复杂一些，不仅涉及技术还涉及艺术，不仅涉及软件而且涉及硬件，不仅涉及宣传而且涉及市场。比如从策划文案到剧本创作、从具体制作到上市推广，是“一条龙”还是只负责拿到成品之后的播出？是自主的播放平台还是与其他播放平台合作，等等，都要提前策划好。

1. VR 网：《公益活动第二期：关爱老人，VR 技术伴我们共同前行》，2018 年 5 月 31 日。

营销策划是一个与播出策划、销售策划既相异又相关的概念。如果说播出策划、销售策划都侧重于产品生产出来之后的策划，那么，营销策划的不同之处在于从 VR 项目萌芽时期就开始了，并贯穿于项目始终。可能 VR 作品尚在图纸上就已经开始宣传推广，从项目创意、策划、编剧、制作、合成等各个过程都一直在朝着如何让用户更认可、更喜欢的目标努力。

5. 按策划的目标，可分为有既定目标的 VR 策划和无既定目标的 VR 策划

有既定目标的 VR 策划分为几种情况，第一种情况是为某个产品、某项服务、某个演员量身定做的，可以有条不紊、有的放矢朝着目标进行。第二种情况是得知某种类型的 VR 作品有市场，能赚钱，便“跟风”去做一部类似的题材，在近年的虚拟现实界，有不同的制作单位共同关注和投入神话传说、古装题材的《愚公移山》《田忌赛马》等，并将其纷纷改编成了 VR 作品。第三种情况是剧本已经完成，但由于演员或投资方提出修改剧本，需要按照新的目标重新进行策划，这又可能会出现两种情况，一是无法在具体问题上达成一致，合作中断，策划失败；二是按照演员或投资方的新要求，对剧本及有关制作问题进行重新策划。

无既定目标的 VR 策划也有不同的情况，比如有的单位不是专门做 VR 业务的，一些广告公司、文化公司甚至房地产公司等，近年为了追求创新、扩大业务或为了赚取利润而投资于 VR 的策划和制作，至于做什么题材，怎么做，做成什么样，这些公司的老板作为投资人或出品人，他们并没有明确的想法，而是委托策划人、制片人、导演或编剧进行全权处理，这类策划就是无既定目标的策划。

需要说明的是，随着策划过程的进行，无既定目标的策划要转化成有既定目标的策划，才能保证 VR 项目的有效进行。从是否有既定目标的角度看 VR 策划，如果说科幻作家、电影导演等对虚拟世界的描绘是出于故事情节发展的需要，凭借想象，天马行空，无既定目标的；那么 VR 技术人员的探索和试验则是有既定目标的，即使期间可能有停顿，也在一步一步接近成功。

三、策划与编导的关系

策划与编导的关系是十分密切的，有时相向而行，并肩作战；有时合二为一，不可分割。策划是编导的基础和前提，有好的策划才能编导出好的作品；而编导是策划方案的落实和执行者，编导的素质、能力和水平在某种程度上直接决定着策划目标能否顺利实现及实现到何种程度。

策划和编导尽管在具体工作上有所不同，但从终极目标看是一体两面的关系。以上海东方电视台颁布的《编导职责条例》为例："第一条 编导要宣传党的方针、政策，努力反映广大影视观众的愿望和要求，坚持正确的舆论导向，注意节目的社会效果。第二条 编导要对影视节目的政治、艺术质量负主要责任。编导应不断提高自己的思想修养和文化素养，要以丰富的知识、敏捷的文笔、巧妙的构思、活泼的样式办好影视节目。"这些对编导的要求，同样适用于对策划的要求。

编导概念从内涵来说，是一种职务，与策划之间有交叉，编导工作的一部分内容就是策划。比如张薇曾是济南电视台《真实再现》栏目的编导，如她所说："第一次来到《真实再现》剧组，初次接触编导这份工作，唯一的感觉就是难，自己搜集素材，自己写剧本，自己找场地，自己试演员，自己跟着拍，自己记场记，自己编片子……我很纳闷一个编导怎么会有这么多的精力和时间来完成这么复杂的创作！"张薇所言"自己搜集素材，自己写剧本"等，其中的部分工作实质上就是策划工作。

当然，策划与编导也有不同之处，策划依据投资方、独立制片人、经营团体等委托者的不同，与编导工作的侧重点可能有所不同。如果受投资方委托，不仅要考虑作品好，吸引人，而且要省钱；如果受经营团体委托，就要结合该团体的技术力量、经济力量和人员力量等进行总体策划；如果受独立制片人委托，除了前述各项之外，还要注意该独立制片人的艺术品位。近年在业界出现了"策划制片人"的职务，一般是相对独立的策划人员并担任制片人进行策划工作。

可以说，策划和编导都有广义和狭义之分，广义的策划指为作品的创作与传播所进行的创造性定位和筹划，贯穿于作品从无到有、从创作到传播的整个过程；而狭义的策划则指作品投拍之前围绕剧本所做的准备工作。广义的编导指在宏观层面对作品进行顶层设计，狭义的编导则指镜头拍摄、建模设计、后期制作等技术层面的工作。由此可见，广义的策划与编导是一兴俱兴、一荣俱荣的关系，两者的相同之处在于，都要对作品的质量负责，即都要从思想性、艺术性、商品性等各个层面提高作品的质量。因此，策划与编导的目标是一致的。VR 策划与编导更是如此，由于设备、场地等都有一定的特殊性，在叙事上对策划与编导提出了更高的要求，需要提前把各种可能性都考虑在内，并保持目标的高度一致，才可能做出符合受众需求的优秀作品。

VR 策划与编导，从主体目标、主客关系、工作过程等方面都跟普通影视策划与编导具有同样密切的关系，并遵循同样的规律。如果说普通影视的策划与编导具有明确的主客体关系，那么，VR 策划与编导的最大区别在于，由于技术的颠覆性力量，人类制造了像人一样的机器，使机器获得了如同人类命运一样的赋形，这种赋形一旦生成，便超越了人类自身。早在半个世纪前，海德格尔就曾把技术看成是挑战传统道德的力量，这种力量来势凶猛、不可阻挡，并带来如今被理论界称为“主体终结”的时代。“未来世界也许不得不再发掘一下非常古老的形而上学领域，但所用的开掘工具却是计算机模拟的虚拟实在机……虚拟实在的本质也许不在技术而在艺术，也许是最高层次的艺术。”[1] VR 策划与编导，也要站在比普通影视策划与编导更高的理论高度，并在充分了解 VR 的在场感、沉浸感、主客体即时互融关系等基础上，才能圆满完成 VR 策划与编导任务。

思考与练习

一、虚拟现实的定义在不同文献中有不同的说法，你是怎么理解这一概念的？

二、虚拟现实的特点有哪些？

三、把虚拟现实放在文艺发展的历史链条中，为什么说虚拟现实的诞生与发展跟文学艺术分不开？

四、什么叫策划？虚拟现实的策划有哪几个原则？

五、虚拟现实策划的类型有哪些？你认为其中哪一种策划类型是最重要的？并简述理由。

六、为什么说策划与编导的关系是十分密切的？

1. [美] 迈克尔·海姆：《虚拟现实的形而上学》。

第二章
VR 策划与编导的客体

【本章导读】

本章从主客体关系角度出发，致力于厘清各种类型 VR 反映客观世界的异同及其形成的虚拟世界的异同，在分析 2016 年“VR 元年”的媒体现象、行业情况的同时，从国内外两个方面探讨了 VR 的发展现状，指出了国内外共同存在的 VR 内容匮乏、关键技术有待进一步提升、独立 VR 的研发远远不够、消费者对 VR 产品认知程度不一致等问题。预测了 VR 发展的趋势，并在分析 VR 策划与编导理论定位的基础上借鉴马克思主义文艺理论提出了 VR 的评判标准。

VR 的诞生对传媒界产生了重大的影响，不但“吸睛”，而且“吸金”，也必将吸引越来越多的人员、资金和技术投入 VR 内容的生产。纵观影视发展史，技术与艺术的矛盾贯穿始终，从无声到有声、从胶片到数码再到屏幕的变化，都是伴随着此起彼伏的各种反对意见并在“一波三折”中发展的；从黑白到彩色、从配音到同期声、从长镜头到“蒙太奇”等，也都是伴随着多次探索、失败甚至退步，在曲折徘徊中前进的，都是经过技术与艺术的磨合才逐步达到了观众满意的程度。

如今，VR 却似乎超越了此前各个阶段的矛盾，它悄无声息地来到人间，却又如此势不可挡，在普通大众毫不知情的情况下，很快实现了技术与艺术的完美结合，成为艺术史上的一个奇迹。从 VR 消费的角度说，据电子杂志《乐客 Weekly》发布的数据，“2016 年 VR 和 AR 消费总计 61 亿美元。”“2017 年，全球 VR 和 AR 消费（硬件、软件和服务等）将达到 139 亿美元，近一半来自普通消费者。此数值在 2020 年有望达到 1433 亿美元。”[1] 数字是客观的，趋势是明显的，这代表着 VR 及其相关行业 AR、MR 等在近几年的市场情况及未来增长率。

“工欲善其事，必先利其器”，若想要做好 VR 策划与编导，搞清楚有关的基本概念及其发展现状是非常有必要的。

第一节　VR 策划与编导客体的概念

一、客体的概念

客体，是一个哲学范畴，指人们实践和认识活动所涉及的那部分客观世界。如果说人们在实践和认识活动中是主体，是执行者，是承担者，那么，与主体对应的就是客体，是主体实践和认识活动的指向。马克思主义哲学把主体和客体的相互作用建立在社会实践的基础上，并科学地阐明了主体、客体及其相互关系，两者是对立统一的关系，不仅相互联系，而且相互制约，主体在改造世界的活动中，把自己的目的、计划、愿望变为同主体相对立的客观实在，即为客体；反过来，在主体反映和改造客体的过程中，客体移入人的大脑，经过改造成为人的思想、知识、理念、方案，或在主体反映客体的过程中使自然物变成人的工具。VR 从无到有、从粗陋朴拙到逐渐成熟的过程，就是主体不断地作用于客体的过程。

1. 乐客 VR：《好创意，VR 任意门》，载《乐客 Weekly》，2016 年第 15 期。

二、VR策划与编导的客体

VR策划与编导的客体，指的是人们进行VR策划与编导时可能涉及的那部分客观世界，这个可能，既包括已有的VR、AR、MR、CR等相关的艺术形式中反映的客观世界，也包括目前尚未出现、未来随时都可能出现的其他与虚拟现实相关的艺术形式中可能反映的客观世界及形成的虚拟世界。

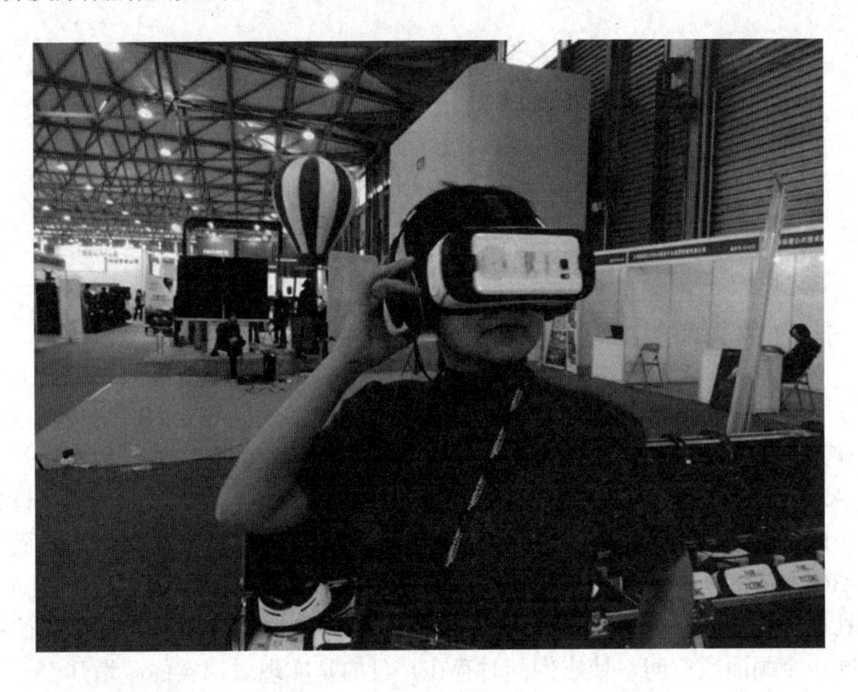

VR策划与编导的客体有不同的类型，如前所述，包括VR、AR、MR、CR等。它们对客观世界的反映同中有异，生成的虚拟世界也各有不同。

VR（Virtual Reality），是利用计算机技术营造一个虚拟的空间，并通过双目视觉的差异让用户进入一个立体的虚拟世界里，产生身临其境的现实感并信以为真。

AR（Augmented Reality）则是在VR基础上发展起来的，指一种虚实结合、实时交互的特殊体验。比较而言，如果说VR提供给消费者的是一个100%的虚拟世界，那么AR就是以现实世界的实体为主体，借助于数字技术帮助消费者更好地探索现实世界并与之交互。现实是客观存在的，但是在AR中，客观现实被"增强"了，怎么增强的呢？由于科学技术的威力，现实被虚拟技术增强了。目前常见的AR软件如车载系统，AR硬件如Google Glass等。

MR（Mixed Reality，混合现实），又称HR（Hybrid Reality，混合现实的另一种表示），是把VR和AR混合运用，即把现实信息和虚拟信息合并后产生的新的可视化环境，既包括虚拟现实VR，也包括增强现实AR，还可能包括增强虚拟AV（Augmented Virtuality）。在MR新的可视化环境里，物理现象和数字现象共存，并且能够与用户实时互动。MR是虚拟现实技术的进一步发展，通过在虚拟环境中引入现实场景信息，在虚拟世界、现实世界和用户之间搭建一个交互反馈的信息通道，以增强用户体验的真实感。

CR，全称是Cinematic Reality，即“影像现实”，意思是虚拟场景跟电影特效一样逼真。CR是Magic Leap提出的概念，而Magic Leap的投资方则是Google，主要为了强调CR与VR、AR、MR等的不同。

在第一章中介绍虚拟现实的概念、特点、关键技术等的基础上，本章进一步对各种虚拟现实技术的异同、VR发展现状、VR发展趋势及VR策划与编导的理论定位与判断标准等进行探讨。

第二节　VR、AR、MR、CR及其异同

一、VR与AR的异同

VR与AR的相同之处是都需要借助计算机数字技术生成虚拟的时空环境，但二者的核心技术和工作原理都不相同，用户的体验也有很大的区别。VR显示的画面是虚拟的、假的，而AR显示的画面则是半真半假、半虚半实的；VR显示时需要用隔离设备，如用不透明的头戴式显示器或把头伸进专用设备中，从而实现人沉浸在虚拟世界中而与现实世界隔开。AR则是将真实世界的信息和虚拟世界的信息“无缝”集成，通过电脑等科学技术模拟仿真后再叠加，将虚拟世界的信息应用到真实世界，真实的环境和虚拟的物体实时地叠加到同一个画面或空间，使它们同时存在，目的是实现对现实的“增强”。

对于喜欢看科幻电影的用户来说，可以通过回忆一下曾经看过的大片，来理解VR和AR的不同。据媒体报道，《盗梦空间》《黑客帝国》等影片中主要运用的是VR技术，而在《钢铁侠》等影片中主要运用的是AR技术。《盗梦空间》的时空在现实世界与梦境之间不断切换，《黑客帝国》的时空则在现实世界与虚拟世界Matrix之间不断切换，前者的梦境、后者的Matrix都离不开VR技术，正如《盗梦空间》导演诺兰所说：“它就是建造一个虚拟的空间，让观众跟着电影中的角色看到现实是怎样可以被一步步创造出来的。”[1]观众在《盗梦空间》中看到的梦境，就是被创造出来的“现实”，即虚拟现实，并且在梦境中看不到现实。但在《钢铁侠》中，主角凭借炫酷的盔甲和头盔，不用任何复杂的控制设备，只需转动脖子并利用肢体动作，即可实现与周边的装置或者环境互动，既能看到附近的客观存在的建筑物、汽车、人等的实际状况，又能时刻查询自身的身体状态，相关的信息既有来自现实世界的，也有来自虚拟世界的，并且通过虚拟信息对现实进行了增强。除《钢铁侠》之外，其他大片如《复仇者联盟》《特种部队》《少数派报告》等也都运用了AR技术。

1.《〈盗梦空间〉：从〈黑客帝国〉倒退》（作者为独立影评人江晓原），载《深圳特区报》，2010年9月3日。

如前所述，VR 和 AR 同中有异，VR 是 AR 的基础，AR 则是在 VR 基础上的发展。如果说 VR 用户最神奇的体验在于沉浸感，即个人完全浸入一个虚拟世界里从而跟现实世界隔离开，那么，AR 用户体验到的则是半真半假、如梦如幻的体验感，既能进入计算机数字图像营造的虚拟场景中，又能真切地看到当时的现实环境。比如 2016 年 12 月上海“VR 影像秀”期间，安徽诺尔动漫科技有限公司推出了其开发的 AR 互动式产品，不同于 VR 头显那样把用户的眼睛完全蒙上，也不同于 VR 手套及其他附件那样需要连接传感器，AR 技术能把手机中装载的动态图片与人的照片合并到一起，从操作上只不过是跟手机中的玩偶拍了一张合影而已，参会人员却能轻易地得到自己手捧玩偶的 AR 艺术照。这就通过 AR 实现了“增强了的现实”，其中的虚拟场景是水中游动的玩偶，而桌椅、酒杯、窗户等室内场景全是真实的，参展人员穿的还是自己的服装，背景还是实际的背景，却能逼真地把另一时空的玩偶置于手掌之上，如同本人也置身于另一个时空。

在医疗、教育等领域，AR 的用途比 VR 更广，据 AR China 于 2017 年 4 月 1 日在其网站公布的最新消息，由 Medivis 公司设计的最新应用 AnatomyX，重构了现实世界中各个医院的 CT / MRI 扫描图像，为医科的学生、医师和教师们提供了全息沉浸式的解剖学习平台，允许用户在任何时间和地点使用，不必仅仅局限于实验室，在使用过程中不但可以通过全视角的观察实现对人体结构的多方位立体学习，而且只需要通过 HoloLens 支持的手势就可以控制模型的展示，十分方便易行。不仅如此，AnatomyX 这款 AR 应用还可以清晰地把人体的 100 万亿余根血管展示出来，弥补了此前医疗软件只能展示骨骼和器官的缺点。实际上，人体有 206 块骨骼、639 块肌肉，数量可观。从技术上说，无论数据采集还是建模数量都是有限的，AnatomyX 的 AR 应用则在建模数量上实现了质的飞跃，以超凡的信息量最大限度地满足用户需求，就像一个“关于人体构造的全息百科全书”，每当用户停留到一个器官切面或血管上，旁边就会出现相应的参数进行介绍，还会出现供用户选择参数的界面。对医疗教育来说，AnatomyX 的 AR 应用不但真正实现了视觉上对现实的增强，而且以直观、立体、生动的方式提供了现实中难以得到的综合信息。

二、MR 与 VR、AR 的异同

MR 与 VR、AR 的关系，可以简单地用公式 MR=VR×AR 表示，即混合现实效果是虚拟现实和增强现实效果的相乘关系，而不仅仅是“1+1”的相加关系。以手机中的赛车游戏与射击游戏为例，通过重力感应调整方向和方位，就是借助于重力传感器、陀螺仪等设备，把真实世界中的“重力”“磁力”等特性加到了游戏的虚拟世界中，把真实世界和虚拟世界混合在了一起，产生了新的可视化环境，这一新的可视化环境中既包含物理的实体信息，又包括数字化的虚拟信息，两类信息有机融合在一起，并且是实时、交互的。

AR 与 MR 的区别在于其应用和显示效果，据业界有关消息，MR 是 Hololens 和 Magic Leap 为吸引用户而命名的，具体情况可以以 AR 设备 Google Glass 和 MR 设备 Hololens 与 Magic Leap 为例进行分析。

第一，虚拟物体能否随设备的移动而移动，是 AR 和 MR 的区别之一。

AR 中虚拟物体的相对位置能随设备的移动而移动，MR 中的虚拟物体则不能移动。比如，使用 Google Glass 头显时，左前方会投射出一个“天气”面板，不管用户在屋子里怎么走动或走到什么位置，也不管是平视还是转动头部，“天气”面板一直都在左前方存在，它的相对位置是固定的，但绝对位置是移动的。在使用 Hololens 时也会投射出“天气”面板，位置是在房屋的墙壁上，但与 Google Glass 的不同在于，不管用户怎样走动或转动头部，“天气”面板始终都在那面墙壁上，不会因用户的移动而移动。究其原因，主要与空间感知定位有关，SLAM 技术在其中起关键作用，SLAM 全称为“Simultaneous Localization And Mapping”，也就是即时定位与地图构建技术，作用原理是机器人在未知环境中从一个未知位置开始移动，移动过程中根据位置估计和地图进行自身定位，并在自身定位的基础上做出增量式地图，实现自主定位和导航。这一技术早在 1988 年就已被提出，但传入我国的时间比较晚，近几年随着智能手机的普及，才在百度地图、高德地图等之中被大众应用。具体来说，SLAM 的作用在于让设备实时获取周围环境的信息，精确地把虚拟物体放在正确的位置，所以无论用户的位置怎么移动，虚拟物体的位置都可以固定在房间中的同一个位置。

第二，虚拟物体与真实物体是否能被区分，是 AR 和 MR 的区别之二。

AR 中的虚拟物体具有可辨识性，用户眼睛能看出其是虚拟的，如上述 Google Glass 投射出的随用户身体移动位置而移动的虚拟信息；但 MR 中的虚拟物体则具有“高仿性”，几乎与真实物体无法区分，如用户在 Magic Leap 中看到的信息。在此起主要作用的是 Digital Light Field，即数字光场技术。原因在于，AR 使用二维显示屏呈现虚拟信息，真实与虚拟很容易分辨开；MR 却可以直接向用户的视网膜投射四维光场，用户从 Magic Leap 看到的虚拟物体和真实物体在感觉上没有区别，是因为信息没有损失。

第三，MR 跟 VR、AR 比较起来，其优势在于集合了 VR 和 AR 的优点，既可呈现出 VR 那般可信、逼真的虚拟时空，又可让用户看到类似于 AR 那样增强了的现实世界，并能把虚拟时空固定在真实时空之中，在技术上凸显了灵活性的特点，不但给人以真实感，而且实现了 VR、AR 无法单独实现的功能。据称，比起有的企业侧重于 AR 头盔或 VR 头盔的生产与推广，微软则热衷于使用 MR 技术，宣布在不久的将来，Windows 10 将会附带这项技术，计划在 Windows Mixed Reality 体验之后用在其他设备上，当然也包括桌面版 VR 以及微软的 HoloLens，并逐步实现将 MR 内容带入 Xbox One 系列设备，在试图与 PS VR、HTC Vive、Oculus Rift 等颇受用户欢迎的产品有所区别的同时，将 HoloLens 上的一些元素融入头盔之中，让虚拟体验更加丰满。

三、CR 及其与 VR、AR、MR 的关系

CR 的技术核心在于光波传导棱镜设计，它属于 XR 的范畴，由于 Magic Leap 能从多角度把影像直接投射到用户的视网膜上，比单纯通过屏幕投射显示技术呈现的效果要好一些，不仅能直接与视网膜交互，而且能获得更加真实的影像，解决了 Hololens 视野较窄及头脑眩晕等问题，使用户在视觉上感到如同真实，就像大脑受到了“欺骗”一样。

另外，Magic Leap 也不是裸眼观看的，而是同样需要头戴式显示器。海市蜃楼给人类提供了无穷的想象力，但海市蜃楼的前提是有市和楼的存在。若要凭空看见一个虚拟物体，尽管几百年前人类就已经有这个梦想了，而且在各种科幻小说、科幻电影里都出现过，但若想在空气中实现“无中生有”的全息影像，目前还在探索之中。因为无论是真实存在的实体，还是电脑虚拟的影像，都必须作用于人类的感觉器官才能被人觉察到，而这一过程是需要介质的。

据技术专家分析，CR 在技术理念上与 VR、AR、MR 类似，都是通过视觉技术使物理世界与虚拟世界的边界变得模糊，从而达到以假乱真的目的，在有关任务、场景、内容等方面也都有互通之处。如上可知，若说 VR 是基础，AR 是 VR 的发展，那么，MR 则是在 VR 和 AR 发展基础上的进一步发展。也就是说，MR 的发展必须建立在 VR 和 AR 都有所发展、有所成熟的基础上，研究它们的策划与编导问题，核心和关键是 VR 的策划与编导。换言之，搞明白 VR 的策划与编导问题，AR 与 MR 的有关问题也将迎刃而解。

第三节　2016 年：VR 元年

自 2014 年 3 月份 Facebook 宣布以 20 亿美元收购 Oculus VR，就已经有了“VR 元年”的说法；随后，谷歌为 Magic Leap 公司投资 5.42 亿；再随后，索尼、HTC 等都陆续涉足 VR 行业，随着各种与 VR 有关的新闻不断涌现，各种关于“VR 元年”的说法层出不穷。HTC、索尼及其他企业都已出过 VR 成品，但产品价格高、使用成本高、内容贫乏、场景单一等，使 VR 一直停留在高端用户、商业用途及技术试验与开发，这些都是制约 VR 走向大众的重要因素，也都决定着“VR 元年”是否能真正到来。在我国，被称为“VR 元年”的是 2016 年。

（一）媒体中的“VR元年”

“元年”在汉语中有三个义项：一是指新朝改元的第一年，如贞观元年、崇宁元年等；二是指纪年的第一年，如公元元年、回历元年等；三是指政体改变或政府组织大改变的第一年，如周代共和元年等。国内关于“VR元年”也并非一家之言，如新华网称“2016年有望成为虚拟现实（VR）引爆元年”[1]，《经济日报》发表文章《VR时代向我们走来 应用将在文化产业各领域迅速铺开》[2]，《中国文化报》发表文章《VR来袭：文化行业大有可为》称“VR元年已经开启，文化行业与VR技术融合大有可为”，中国经济网预测“2016年将成为VR元年”[3]，腾讯科技说“CES告诉你为什么都说今年（2016年）是VR元年”[4]等，越来越多的普通网民也从各个渠道了解并相信“2016年被称为VR元年”。那么，在国外诞生了几十年之久的VR，为什么到2016年才迎来了发展的“元年”呢？这是广大VR用户关注的问题，也是学习VR策划与编导不可回避的问题。

综合媒体报道，2016年被称为“VR元年”的原因至少有以下六个方面：

第一，盛会预示风向。“在不久前召开的圣丹斯电影节上，人们惊喜地发现，竟然一下子冒出33部虚拟现实影片前来参赛”[5]，本届电影节上还有一条消息引发关注：三星宣布正式成立了全新的影视工作室。2016年1月6日至9日，消费电子领域的世界级盛会、一年一度的国际消费类电子产品展览会（CES）在美国拉斯维加斯举办，展会上虚拟现实技术和产品铺天盖地，成为最耀眼的主角之一。CES官方数据显示，2016年的游戏和虚拟现实展区总面积同比扩大77%。

第二，巨头陆续跟进。国外，谷歌、苹果、三星、索尼等，早有铺垫，势在必得。2015年5月，苹果公司收购VR/AR领域巨头Metaio公司，后来又与美国VR方面的顶级专家道格·伯曼（Doug Bowman）开始合作。国内，腾讯、暴风、小米、360、爱奇艺、优酷等均开始朝VR进军。2015年12月21日，腾讯公司Tencent VR团队首次亮相并公布SDK以及“开发者支持计划”；2015年12月23日，乐视公布了“虚拟现实战略”，并发布了VR终端设备LeVR COOL1；2016年年初，百度VR频道面世。

第三，产品大量涌现。国内外各大公司推出消费级VR产品，国外产品如Google Cardboard、Oculus Rift、三星Gear VR、索尼Project Morpheus、索尼Play Station VR、Virtuix Omni、HTC Vive等；世界上首个移动虚拟现实社交网络vTime首次亮相。国内市场上3Glasses推出第二代VR眼镜，Coolhear推出首款VR耳机，亮风台推出首款AR双目立体视觉眼镜，睿悦科技发布双系统VR一体机头显，暴风魔镜推出魔镜4代和魔One一体机等，另外，VR平台公司焰火工坊发布面向移动VR全生态的新品家族，如“黎明”开发

1. 廖国红：《2016年有望成为虚拟现实（VR）引爆元年》，新华网，2016年2月1日。

2. 金晶：《VR时代向我们走来 应用将在文化产业各领域迅速铺开》，《经济日报》，2016年2月2日。

3. 《2016年将成为VR元年》一文副标题即为《50余家A股公司“抢滩”虚拟现实千亿蓝海》，2016年2月2日。

4. 盛威：《2016年被定义的这些“元年”最终还是辜负了你的期待》，新浪科技，2016年12月27日。

5. 金晶：《VR时代向我们走来 应用将在文化产业各领域迅速铺开》，《经济日报》，2016年2月2日。

者工具包、VR 眼镜“极幕-1”、VR 原生游戏《最后的荣耀》等。

第四，资本市场热捧。无论从进入 VR 行业的企业数量，还是从社会资本投资 VR 的规模，都显出了资本市场对 VR 的热捧。2015 年 11 月 6 日，诺亦腾宣布获得超过 2000 万美元的 B 轮融资。2015 年 12 月 25 日，雷军系（迅雷+小米）1.8 亿元人民币入股 VR 公司乐相科技。2015 年 12 月 29 日，北京蚁视科技有限公司获得 3 亿人民币的 B 轮融资。

第五，内容正在完善。各种 VR 体裁作品于 2015 年年底、2016 年年初开始投拍或发布预告片或已上线，如虚拟现实 MV 作品《敢不敢》、虚拟现实电影《活动最后》、虚拟现实纪录片《山村里的幼儿园》、虚拟现实付费游戏《杀戮空间》等。VR 带给人的不仅是“观看”的感官体验，还有能借助生物传感、动作捕捉、面部识别等技术，使人们在虚拟环境中体验身临其境的感觉，还可以“触碰”到虚拟世界里的人和物。

第六，技术引领未来。Juniper Research 报告曾预测，2016 年虚拟现实技术将逐渐走进主流消费者市场。据媒体报道，2020 年全球虚拟现实市场规模将达到 400 亿元人民币，年销售 VR 头显将实现 4000 万台左右。高盛公司于 2016 年 1 月 29 日发布的一篇长达 58 页的报告称，在正常预期下，只要能够解决设备的移动性与电池续航问题，到 2025 年 VR/AR 产业将开辟 800 亿美元的市场，如果 VR/AR 设备能变得像眼镜一样轻便，最终将会和智能手机一样普及，成为新一代智能移动终端。

（二）客观分析“VR 元年”

以上媒体关于“VR 元年”的各种报道和评论都有道理，但大部分都局限于 VR 行业自身，客观分析 2016 年为何成为“VR 元年”，需要对国内外经济、文化、社会及与 VR 有关的策划、编导、制作、传播等各个方面进行探讨。

那么，为何 2016 年能够超越此前的几年并在“VR 元年”的称谓上获得更多的认同呢？主要原因在于以下四个方面：

第一，VR 在 2016 年真正实现了市场化营销并成为大众消费产品。

自 2016 年起，随便在京东、卓越、当当、淘宝或其他网购平台上用 VR 为关键字进行搜索，各种 VR 眼镜、VR 一体机、VR 分体机、VR 手柄等成千上万种 VR 产品立即呈现出来，除了暴风、爱奇艺等品牌之外，HTC、蚁视（ANTVR）、小鸟看看（Pico）、小米（MI）、富士通（Fujitsu）、柔宇（ROYOLE）、REMAX、虎克（HUKE）、大朋（DeePoon）等各种产品应有尽有，材质、片源、价格、服务等各有不同，能够满足不同用户的多种需求。

第二，VR 产品的价格高中低档拉开距离，大众购买不再是梦想。

根据市场研究机构 Touchstone Research 的数据：有 60%的互联网用户对 VR 设备价格的接受上限为 400 美元，认为 VR 产品的价格要维持在 200～400 美元的用户占压倒性数目。自 2016 年起，随着越来越多的企业试图进入 VR 市场分一杯羹，VR 设备的外观、型号、材质、价格等都呈现出了多样化趋势。在价格的影响因素中，材质和技术占的比例最大，有的 VR 产品很重，会对用户的眼睛造成压迫，使人头晕目眩，使用过程的舒适度差，即使 VR 内容再好，也肯定会影响使用的效果。所以很多企业都在尝试在材质、价格、质量之间寻找一种平衡，这也是自 VR 诞生以来所有相关企业的共同追求。

也是从 2015 年、2016 年开始，价格比较亲民、质量较好的 VR 头显才批量化地由不同厂家生产出来。比如“11 月份 Gear VR 发售的时候，被消费者抢购一空，就连亚马逊也断货”，任何一款产品能够卖脱销，至少在某种程度上说明人们主观方面的购买愿望及客观方面的购买力；再比如当当网上的 VR 产品，从 39.9 元的 VR Mate、49 元的 JOWAY VR，到 99 元的 VR CASE，再到 HTC Vive 标价 12 666 元的 3D VR 眼镜 Valve Oculus Gear，可谓应有尽有，虽然价值相差 300 多倍，但功能竟相差无几，不仅可以享受沉浸式游戏，而且可以体验在迪拜的公主塔玩蹦极，可以尝试从滑翔机凌空而下，只有人想不到的，没有 VR 做不到的。只有 VR 的优势被越来越多的人体会到，才会有越来越多的人成为消费者。如此这般，VR 才可能真正走向大众化，“VR 元年”才能真正变成现实。

第三，VR 线下体验店在 2016 年激增，使更多人有机会了解 VR 的神奇之处。

如果说购买 VR 产品是从业者或“发烧友”的行为，那么，VR 线下体验店在 2016 年急剧增加，则为更多人提供了体验、了解 VR 神奇之处的机会。与 VR 产品比较起来，VR 的线下体验店是大众最方便体验 VR 技术的方式。在 2000 年前后计算机还不普及之时，网吧如同雨后春笋一样不断涌现，为越来越多的人成为“网民”并体验网络的快捷方便提供了条件。VR 体验店的日益增多，也与当年街头的网吧一样，正在吸引从业者和创业者们的关注。

2016 年这一年，据说 PS VR 约卖出了 75 万部，差不多相当于 Rift 和 Vive 销量的总和，尽管与 2016 年全球智能手机的出货量 14.5 亿部相比还有很大的差距，但对于 VR 的发展来说，2016 年无疑是至关重要的一年，从这一角度说，把 2016 年称为“VR 元年”并无不妥。有人据此做了更精细的分析，认为可以把 2016 年称为“VR 硬件元年”，2017 年则是“VR 内容元年”。

第四，VR 教育与培训日渐成形，为 VR 大众化铺平道路。

VR 教育，一方面能借助于 VR 技术提升教育教学的效果，另一方面能通过培养 VR 人才拓宽 VR 的应用范围，扩大 VR 技术人员队伍，避免它只是局限在少数人手中而无法走上大众化、普及化的道路。VR 教育与培训的渠道有若干种，比如在高校开设相关专业，高校与企业进行产学研合作，或者以企业为主体进行培训等。其中，在高校开展 VR 教育，是 VR 人才培养的主渠道。

一是开设专业与课程情况。在国内，一方面由于 VR 本身尚处于大众化的初级阶段，技术方面也还未完全成熟；另一方面是从我国高校专业设置的实际情况来看，无论文科类的媒介素养等专业还是理科类的大数据与云计算等专业，在开设时间上都晚于英美等国家，对于 VR 这种涉及多种高科技的专业来说也没能走在世界的前列。2019 年 11 月 25 日，长春建筑学院文化创意产业学院宣布设立 VR 专业，培养专门的虚拟现实领域的人才，培养学生具备穿戴设备研制、大数据分析、交互式数据设计开发、视听特效设计等方面的技能，将本专业打造成为新兴行业人才需求的造血器，成为国内首家开设 VR 专业的本科院校，被媒体称为“填补了 VR 专业教育领域的空白”。另外，国内不少高校都设立了 VR 实验室，开设VR课程或与企业合作开展VR教育培训项目。调查表明，“中国是世界VR人才的第二大需求国”[1]，不但国外资本盯上了我国在这方面的巨大市场需求，而且国内资本大鳄与技术大鳄们也在争相布局，有实力、有眼光的高校也纷纷跟进。

同样是在2016年，据媒体报道，北京电影学院、HTC、微软亚洲研究院、视袭影视等四家单位联合发起创建了产学研的发展平台“沉浸式交互动漫文化部重点实验室”，并于2016年12月23日在北京电影学院举办了“2016中国虚拟现实VR/AR产学研联盟年度峰会暨金辰奖颁奖典礼”，时任副校长孙立军发言时指出：“我们相信虚拟现实是一种可以改变未来消费习惯的最重要的技术之一，但同时对于内容产业我们首先要固本，这个本就是文化，我希望我们的事业是立足在中国文化的基础上，进行最开放的国际技术交汇，并且有自己的创新思维。”[2] 这个意见是中肯的，技术的发展不能以单纯的技术扩张为目的，而要注重内容生产、文化传承和创意创新，只有这样，技术的发展才能避免偏离正常的轨道。

在国外，最早开设VR/AR相关课程的是美国华盛顿大学计算机专业，该专业建立在与华盛顿州的微软HoloLens团队合作基础上，属全球首个开设此专业的高校。另外，澳大利亚迪肯（Deakin）大学从2016年7月开始成为全球首个提供VR/AR硕士研究生文凭的高校，2017年还将引进一个相关的信息技术课程。据该校首席数字官William Confalonieri说，关于VR/AR这一全新学科，迪肯大学并没有固定的框架和现成的例子去模仿或学习，学科标准是现存的一个大问题，需要计划投入资金数量、预测运转周期等。在新课程开启之前，AR已经作为新型教育工具应用于迪肯大学的医学以及工程学院，在医疗培训方面取得了很好的效果，能把人体重要器官的图像显示在手机或iPad上，并能进行互动。除迪肯大学外，国外还有多所大学开设了VR专业或具有针对性的VR课程。

二是设备设施情况。良好的VR硬件和设施设备，是开展VR教育教学的基础。以北京联合大学为例，2016年暑期拿到“中央支持地方”项目的1000多万元资金，投资兴建了虚拟现实创新应用实验室、数字化研究与沉浸式体验实验室、虚拟演播室等。

虚拟现实创新应用实验室以服务数字媒体艺术创作为核心，可开展三维模型开发、动漫项目策划、三维数据采集、交互开发与测试等数字化创作实践项目及教学活动。

---

1. 参见《VR专业哪个高校有，VR属于大学里哪个专业》，搜狐网，2016年10月31日；《中国VR人才需求量全球第二 复合型人才稀缺》，搜狐网，2016年8月6日。

2. 《史上最强虚拟实验室引领“VR+”新趋势》，电子发烧友网，2016年12月27日。

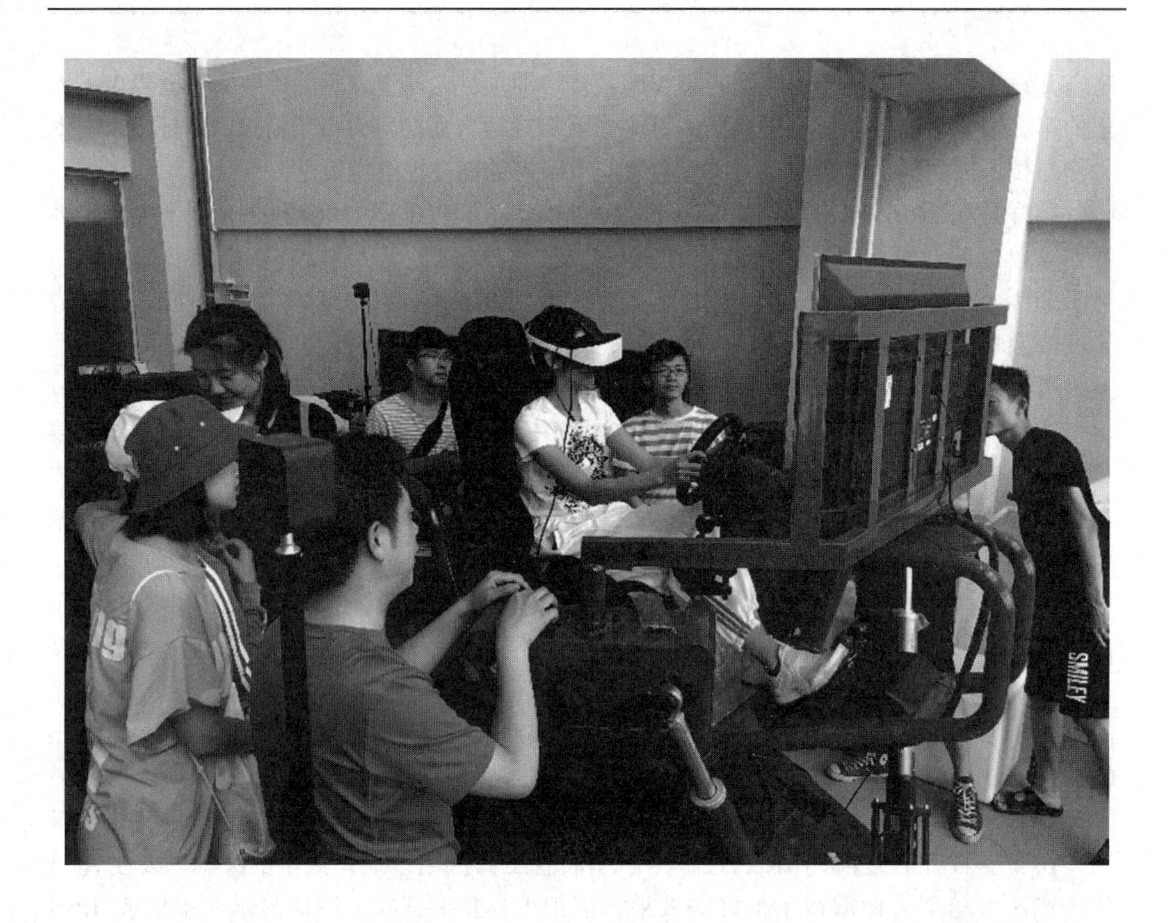

虚拟现实创新应用实验室可满足数字媒体艺术、表演等专业的前期动态影像素材拍摄需求，亦可作为后备影棚使用，除面向艺术学院全体师生开放外，也可面向全校开展协同创新活动。该实验室的主要设备有星光莱特数字调光台、定制灯光控制电源箱、星光数字柔光灯、星光数字聚光灯、德瑞斯灯光系统、ROSCO 绿箱、调光台等，可开设课程有《摄像基础》《数字摄像》《艺术创作实践》《数字影视创作实践》等。

数字化研究与沉浸式体验实验室以数字媒体艺术专业为核心，面向全部艺术类专业学生，服务于相关专业核心课程及特色类课程的教学，拥有目前主流的数字化、沉浸式的展示系统与体验设施，主要设备有 CAVE 沉浸式体验系统、AR 交互展示台、Zspace 交互体验一体机、84 寸 4K 透明交互展示屏、50 英寸 4K 透明交互展示屏等，还在教室外墙上安装了“Catch the Butterfly”等 VR 游戏，供学生随时参与虚拟现实互动，能够满足开设《数字化综合创作》《新生研讨课》《中国工艺美术史》《北京传统工艺》《材料与施工工艺》《数字媒体设计与制作》等课程的需要，帮助设计专业各个专业方向的师生开展基于数字交互、虚拟仿真等方面的创作与体验，引进安卓、苹果等不同版本的头显供学生免费使用，尤其是景泰蓝特色工艺的虚拟仿真体验，受到学生欢迎并取得了良好的教学效果。

另外，新浪于 2016 年 5 月 19 日宣布与北京师范大学、中国传媒大学等多所高校合作共建 VR 实验室，把 VR 课程引入相关专业的课堂。新浪认定中国最初的 VR 内容生产者并非来自专业公司或者团队，而是来自广大的高校学生，因此宣布与多所高校进行合作，一是看重高校学生在新闻采写、技术专长等方面的优势，二是凝聚国内的 VR 精英，朝中国最大的 VR 内容运营商方向发展。无论对于到国内切分 VR 市场蛋糕的国外公司或者有实力的国内企业，还是有远见的国内高校，VR 策划与编导都是至关重要的问题。

第四节　VR 发展现状

VR 发展现状是人借助虚拟现实技术与设备反映客观世界的一种现状，也是形成的虚拟世界中人与客观世界关系的现状。

一、VR 发展的国外现状

如前所述，现今 VR 产业的火爆，源于 2012 年 Oculus Rift 通过知名众筹网站 Kickstarter

募资到 160 万美元资金，并被 Facebook 以 20 亿美元的天价收购。当时 Unity 作为第一个支持 Oculus 眼镜的引擎，吸引了一大批从业者投身到 VR 项目的开发中，正式打响了 VR 之战，但经首轮引爆后，2014 年 Google 发布了 Google Cardboard，让消费者通过手机以非常低廉的成本进行 VR 体验，使许多手游开发者纷纷加盟。

根据苹果公司 2016 年 1 月发布的最新财报，iPhone 的销量比 2015 年同期销量出现了首次近乎“零增长”的现象[1]，逐渐步入增长停滞及衰退期，这是否表明苹果公司的发展走到了拐点尚不可知，但“VR 元年”的呼声越来越响、越来越大，标志着整个移动互联网走到了行业拐点，却是事实。究其原因，计算机的发展提供了一种计算工具和分析工具，并因此产生了许多解决问题的新方法。虚拟现实技术的产生与发展也同样如此，就虚拟现实本身而言，就是一种先进的计算机用户接口，它通过给用户同时提供诸如视、听、触等各种直观而又自然的实时感知交互手段，最大限度地方便用户的操作，从而减轻用户的负担，提高整个系统的工作效率。

早在 1965 年，Sutherland 在一篇名为《终极的显示》的论文中首次提出了关于交互图形显示、反馈设备以及声音提示的虚拟现实系统的基本思想。从此，人们正式开始了对虚拟现实系统的研究探索历程，并在日后影响到了我国。到了 20 世纪 90 年代，迅速发展的计算机硬件技术与不断改进的计算机软件系统相匹配，使得基于大型数据集合的声音和图像的实时动画制作成为可能；人机交互系统的设计不断创新，新颖、实用的输入输出设备不断地进入市场。而这些都为虚拟现实系统的发展打下了良好的基础。例如 1993 年 11 月，宇航员利用 VR 系统成功地完成了从航天飞机的运输舱内取出新的望远镜面板的工作，而用 VR 技术设计波音 777 获得成功，是近年来引起科技界瞩目的又一项工作。可以看出，正是因为 VR 极其广泛的应用领域，如娱乐、军事、航天、设计、生产制造、信息管理、商贸、建筑、医疗保险、危险及恶劣环境下的遥控操作、教育与培训、信息可视化以及远程通信等，人们对迅速发展中的虚拟现实系统的广阔应用前景充满了憧憬。如今，虚拟现实与人们的日常生活关系越来越密切了。

二、VR 发展的国内现状

尽管国内目前还有人对 VR 持保守或消极态度，但 VR 的发展及其对相关行业带来的影响却是不可忽视的，因此吸引了诸多有远见的人和有实力的企业进行投资。在 2014 年，我国就“先后有 90 家 VR 相关公司成立”[2]。VR 与智能手机之间形成了相互促进的密切关系。根据新浪科技 2017 年年初公布的消息，2016 年全球智能手机的出货量是 14.5 亿部，这个数据对方兴未艾的 VR 来说无疑是利好的，因为智能手机作为目前 VR 内容的重要供应渠道，其销量越大就越有利于 VR 发展。我们经历了“计算机+”时代、“互联网+”时代、“移动互联网+”时代，如今正站在“虚拟现实+”时代的门槛上，“随后的 5 至 10

1. 王寒、柳伟龙等：《虚拟现实：引领未来的人机交互革命》，机械工业出版社，2016 年 6 月版，第Ⅷ页。

2.《想变身真正的钢铁侠？有了 AR 设备你至少实现了一半》，游侠网，2015 年 9 月 6 日。

年内，逐渐成熟起来的 VR 虚拟现实、AR 增强现实、MR 混合现实将彻底改变人类生活的每一个方面，包括娱乐、社交、设计、工作等。”[1] 这一预言是比较乐观的，未来 VR 会不会独立存在及能不能取代其他的相关智能产品，已经提上了议事日程。

暴风魔镜联合中国传媒大学国家广告研究院、知萌咨询机构，通过 2015 年对全国 15 个省市 15 岁至 39 岁人群进行抽样调查并抽取 5626 个样本进行调研后，于 2016 年 3 月 18 日发布《中国 VR 用户行为研究报告》，称“我国 VR（虚拟现实）潜在用户数量为 2.86 亿，占该年龄段人口比重的 68.5%；83.2%的用户对 VR 影片有需求，通过各种方式接触或体验过 VR 的人数约为 1700 万；购买过各种虚拟现实设备的用户已达 96 万人，其中，70%以上几乎每天使用 VR 设备”[2]。近年来，计算机技术已经能够为用户提供关于视觉、听觉、触觉等感官体验的模拟，使用户进入一个由编程者构建的虚拟世界，获得身临其境的感受，这种虚拟现实（VR）技术发展时间尽管不长，但凭借其沉浸感、交互性、想象性等特征成为备受关注的热点话题，被誉为“下一代互联网”。《中国 VR 用户行为研究报告》显示，当下有一定规模的用户购买 VR 设备或消费 VR 内容，但是普及还需要很长时间；虽然 VR 技术的关键指标均已成熟，支撑 VR 应用的软件系统兼容性已经解决，但 VR 内容还不够丰富，硬件设备研发也有待完善。

目前，VR 的实际应用还有短板，但学界对其推广却充满了热情。以 2019 年 11 月在深圳举行的第 19 届中国虚拟现实大会为例，主题论坛版块分为 7 场，主题涵盖了虚拟现实的多个热门研究方向，包括“5G+VR”论坛、“智能制造与 VR 可视化”论坛、“VR 与文化旅游”论坛、“虚拟现实中的触觉交互技术”论坛、“虚拟现实与仿真科学”论坛、“虚拟现实与教育”论坛以及“虚拟现实与公共安全”论坛，显示出 VR 对当代生活的深度介入。此外，本届大会还特设“应用展览”环节，共收到 24 家企业的赞助与合作，各赞助与合作企业展示了各自的前沿技术和主流产品，技术负责人为观众现场演示和解说，让观众获得了别开生面的亲身体验。中国虚拟现实大会（ChinaVR）由中国计算机学会（CCF）、中国图像图形学学会（CSIG）、中国仿真学会（CSF）联合主办，是国内虚拟现实领域最早、最重要和最具规模的年度科技盛会。从本次活动的各个版块及具体内容，不难看出 VR 在国内的成长空间还是比较大的。

三、VR 发展在国内外存在的共同问题

中国工程院院士赵沁平认为，目前 VR 产业发展存在的主要问题是科技创新支撑不足、VR 内容发展严重滞后、普及型 VR 硬件性能不高、VR 各类标准规范尚未建立等，亟待突破几大共性技术难题，如广视角、低眩晕、低延时、真三维等。从 VR 的发展现状看，内容、技术、普及度等方面的问题都不可忽视。

---

1. 王寒、柳伟龙等：《虚拟现实：引领未来的人机交互革命》，机械工业出版社，2016 年 6 月版，第Ⅷ页。

2.《VR 来袭：文化行业大有可为》，中国经济网，2016 年 3 月 24 日。

（一）VR 内容的匮乏

在体验 VR 产品、参加 VR 行业大会或是查阅相关资料时，都会发现一个共同的问题：从业人员很多、产品硬件充足、软件飞速发展，但内容却十分匮乏。北京电影学院副校长孙立军教授在接受腾讯科技采访时表示，VR 是一种超一流的技术，但在内容上要解决品质问题，电影内容所带给人们心灵的触动在 VR 上还无法实现，因此，我们必须要解决内容问题。[1]

如同当年互联网刚刚兴起时一样，在受到从业者和网友热烈欢迎的同时，却因内容匮乏而捉襟见肘，VR 内容的匮乏也是局限其发展的重要原因之一。无论 VR 硬件多么高档、软件多么先进，如果没有优秀的作品做支撑，如果不能触动用户的心灵，就都不可能具有长久的生命力。

目前，VR 产品的内容来源各不相同，以十款代表性的 VR 产品为例，其中只有雷蛇公司开发的 OSVR Hacker Dev Kit 有自己专属的内容开发系统 OSVR，其他如 Oculus 三星电子和 Oculus VR 开发的 Gear VR，内容来源是 Oculus 应用商店；德国光学厂商卡尔蔡司开发的 VR One，内容来源是 APP Store 和 Google Play；北京暴风魔镜科技有限公司开发的暴风魔镜III，内容来源是暴风影音、部分适配应用及官方论坛；深圳小宅科技有限公司开发的小宅魔镜头显的内容来源是 APP Store、安卓应用商店和官方论坛；灵镜的内容来源是 APP 灵镜世界、灵镜影院、官方论坛；Oculus VR 开发的 Oculus Rift，内容来源是 Oculus 应用商店，HTC 与 Valve 公司联合开发的 Vive Steam 的 Vive，内容来源是 Steam；索尼公司开发的 Project Morpheus，内容来源是 PlayStation Store；北京维拓信息科技有限公司开发的蜂镜，内容来源是官方论坛、兼容国外同类产品的 VR 内容等。

至于具体的 VR 内容，也是乏善可陈，除了行业应用之外，主要集中在游戏、球赛、直播、专题等纪实性作品上，原创的、情节性的、互动性强且易于激起受众真情实感的作品，除了游戏，原创影片非常少，应该引起行业及管理界的重视。VR 直播创业公司 RGB 创始人王巍指出，“直播和游戏内容将是 VR 行业的先行军”，目前大多数的 VR 内容提供商都把研发重点放在游戏上，但 VR 游戏领域尚无成熟的模式，缺少吸引用户的杀手级作品，而影视方面虽然有很多制作团队在布局，但都处于探索期，在生产和制作环节会产生大量数据，无法做到规模化的内容输出，耗时更耗费资源。Pico CEO 周宏伟也对媒体表示，“VR 是一个越来越成熟的产业，除了最好的硬件产品外，内容方面的建设会是未来发展的重点。”[2] 据悉，暴风魔镜就曾努力在国内各地寻求收购各类 VR 内容。

VR 行业的兴盛，“内容为王”是硬道理，绝不是一个两个公司重视就能解决问题的，必须整个行业都认识到内容生产的重要性，且在政策、资金、人员等方面都朝内容方面倾斜，才可能为行业的健康发展奠定基础。很多人预计 VR 将是继智能手机之后的下一个爆款领域，无论是从使用者、创业者还是投资者方面说，VR 内容产业都远远滞后于硬件的生产和软件的研发，只有部分专业网站推出了有限的 VR 视频，而且大都集中在游戏，网

1. 郭晓峰：《国产手机纷纷杀入 VR 战局 三星们要被围攻了》，腾讯科技，2016 年 4 月 22 日。
2. 《2016 年 VR 发展年也是分化年》，搜狐网，2016 年 4 月 22 日。

上绝大部分的 VR 体验资源都来自国外，国内原创的 VR 资源很少，若要实现完整的 VR 产业链，不仅需要一种不同于二维屏幕的观看手段，更需要能够让人沉浸其中的交互方式以及与之相配合的能够吸引用户的影片内容。

（二）关键技术有待进一步提升

目前的部分 VR 设备在眩晕感、可视角度、屏幕分辨率、交互方式等技术层面令用户感到不舒服，有待改进。其中，眩晕感是影响 VR 体验的最重要问题，由于眼睛看到的画面与耳蜗的平衡感不匹配，可能使用户产生晕眩感。因此，VR 设备在响应速度快的同时，还要在还原图像的真实度、显示屏的刷新率等方面提升技术水平。

目前，最先进的虚拟现实设备刷新率是 75Hz，从渲染完成到显示在屏幕上，每次至少需要 13.3ms，包括安全保险时间在内，一般是 19.3ms 的延迟，即便这样的延迟速度在很多 VR 设备上还未实现。另外就是屏幕分辨率，目前主流的手机屏幕分辨率一般都是 720P 或 1080P，经 VR 设备放大后像素点也变得更加明显，直接对终端体验产生影响。因此，即使是目前最顶尖的 VR 产品，也存在眩晕感的问题。

行内专家李捷表示，“以基于智能手机的 VR 为例，虽然三星发布了 S7，华为也发布了基于 P9 的头盔，但是手机屏幕分辨率依然在 2K 及以下级别，而一个好的 VR 体验至少需要 4K 屏幕分辨率和更高的刷新率，这也会对手机功耗带来巨大影响”，“播放平台上存在手机、一体机等终端播放设备，不同播放器之间也存在不同的交互方式问题。到目前为止，还没有硬件能够将 VR 所宣传的沉浸式、无死角、无拖拽的影像、不出现纱窗禁格体验真正解决。”这一意见是直率的，也是中肯的，VR 关键技术对是否能实现策划与编导目的有直接的决定作用。

此外，全息建模和细节捕捉、感观反馈和声音定位等底层技术，也是打造 VR 沉浸式体验时需要突破的技术指标。伴随着一些 VR 硬件产品的不断推出，国内外的商家们也都开始了产品大战，国外既有廉价的 Google Cardboard 体验机，也有高端的 Oculus Rift、HTC Vive、PS VR 等产品，国内的硬件厂商如暴风魔镜、乐视、蚁视、Pico 等，但在交互上都有待提升，无论产品宣传多么热闹，无论广告设计多么炫酷，如果不能给用户真正的沉浸式感觉与交互式体验，就不是真正的 VR 产品。比如人触碰到了虚拟世界中的一面墙，或者与虚拟游戏中的另一个游戏者深情拥抱，这些实际生活中经常发生的动作，用户在虚拟现实中如果体会不到，那么它的存在也就没有意义了。其中关键的技术之一是要捕捉人的全身动作并传递给 VR 应用程序，然后要知道人在实际场景中的位置和精确的运动轨迹，然后再反馈给虚拟场景，之后还要实现人与场景中其他人或者物体的交互。

（三）独立 VR 的研发远远不够

目前的 VR 设备都还不是完整的独立设备，通常需要依赖手机平台、电脑平台或者游戏平台实现其功能，在某种程度上成为影响 VR 技术发展的原因之一。

自 2016 年年初开始，这种情况逐渐有所改善。2016 年年初，三星公司在美国旧金山举办了开发者大会，正式宣布三星准备研发一款独立的、无须与手机相连就能独立使用的 VR 头盔，虽然需要时间，但已经着手做了。同时，三星还推出了 Gear360 VR 摄像头，两个 1500 万像素传感器的 F/2.0 鱼眼镜片，可以实现 7776 像素×3888 像素的分辨率的静态图像及 3840 像素×1920 像素的分辨率每秒 30 帧视频的捕捉，实现 360° 的全景视频拍摄，“意味着三星在 VR 道路上又迈出了坚实的一步”。

同样是在 2016 年年初，《华尔街日报》援引消息人士报道，称谷歌正在开发一款不依赖于智能手机、计算机和游戏主机的一体式虚拟现实设备，这款新设备将集成屏幕、高性能处理器以及摄像头，利用摄像头拍摄的画面来追踪用户头部运动。谷歌任命了克莱·巴沃尔（Clay Bavor）为虚拟现实业务的首位负责人。巴沃尔表示：“从一开始，我们就打算开发所有人都可以用上的虚拟现实。今年晚些时候我们将公布更多消息”。谷歌已经推出了非常低价的 VR 设备，比如 Google Cardboard 纸盒就取得了不错的市场业绩，自 2014 年年底以来，谷歌及其合作伙伴售出了超过 500 万个 Cardboard，帮助用户了解虚拟现实技术并实现了各种各样的应用，成为目前最受欢迎的虚拟现实设备，但它并非独立设备，需要将一款智能手机内置在盒子中才能欣赏 VR 视频。谷歌除了正在调整新版 Android 移动操作系统，以便让它可以支持更多数量的 VR 设备，还研发了新款独立 VR 设备计划，用来自创业公司 Movidius 的芯片，正与多家公司就 VR、AR 技术展开合作。

（四）消费者对 VR 产品认知程度不一

综合媒体报道与行业现状，VR 在不同国家、在同一国家的不同地区、甚至在同一地区的不同城市拥有消费者的情况都有所不同。

在美国，VR 受欢迎的程度堪称“火爆”，以号称全球第一个虚拟现实主题公园的 The VOID 为例，该公园位于美国犹他州林登，于 2015 年 10 月 23 日开始 Beta 版测试营业。当地民众“被 VR 的神奇魅力吸引，首批测试版门票在短短几小时内便被抢购一空，并因此出现供不应求的情况，而不得不将开放时间延长至 10 月 26 日，以满足消费者试图感受一下完全由虚拟现实设备打造出来的逼真奇幻探险活动的强烈需求”[1]。又如在美国洛杉矶举行的“不朽贝多芬”（Immortal Beethoven）公益活动中，策划者借助于移动卡车上的 Oculus Rift 和 Gear VR，把过去只能在演奏大厅听到的高端交响乐及其审美体验带进了居民区，在宣传产品、传播文化的同时，也为 VR 概念和设备的推广做出了贡献。

在英国，尽管 VR 技术并不落后，但 VR 受欢迎的程度则与美国大不相同。斯塔福德郡大学（Staffordshire University）的一个研究项目在 2016 年 5 月 26 日即可把陪审团传送至虚拟案发现场，让陪审员更全面地了解案件情况。据 Greenlight VR 的报告，英国民众对 VR 的认知数据并不高，只有 8%的受访者了解 VR 技术的发展情况，23%的人从来没有听说过 VR，还有 25%的家长对 VR 的推广并不赞同，尤其是对未成年人使用 VR 表示担忧，不希望自己的孩子对 VR 成瘾，担心 VR 会不会像网吧盛行的年代使“网瘾少年”成为社会问题。以前未成年人逃课去网吧、视力下降、学习成绩下滑等，都可能让如今的 VR 背上“黑锅”。其次，一部分体验 VR 技术的用户认为效果比较差，眼睛的压迫使人感到头晕目眩，尽管在体验过程中有沉浸感，但身体的不适使用户的热情有所降低。

1. 熊白白：《浅谈中国 VR 普及冷遇现状，离全面爆发还有几个拦路虎》，VR 日报，2015 年 10 月 16 日。

VR 在我国则呈现出“冰火两重天”的局面，一方面是 VR 行业的热情，另一方面是原创性研发不足及普通消费者的淡漠，据《中国虚拟现实（VR）行业发展前景预测与投资战略规划分析报告》显示，2016 年一季度全球 VR 和 AR 领域总投资超过 17 亿美元，其中近 10 亿美元来自中国，同时 VR 专利申请量却仅占全球的 6%。究其原因，有人总结为以下两个方面。

一是对 VR 认知有误区。有人认为 VR 是一种与普通人无关的高大上科研领域，有人认为 VR 是玩物丧志的“游戏”，这种认识上的误区给 VR 的推广设置了障碍，尽管商业用途比较广泛，但民用还不普通，公益活动也比较少。而在国外情况则有所不同。比如，国际环保组织 PETA 在街头用便携式 VR 设备让路人体验被囚禁珍稀动物的生活，唤起了人们保护海洋生物的意识，也拉近了 VR 和民众的距离。

二是 VR 信息的普及度有限。目前 VR 在国内还属于新事物，一些专业媒体如 VR 日报、87870、Vivian、雷锋网等及腾讯、搜狐、爱奇艺等门户网站，都在拉近 VR 与民众的距离方面付出了很多努力。国外同行撰写的各类有关 VR 的文章也随着各种不同的网络平台被广泛传播，但截至目前，有关信息大多是在网上传播，受众以年轻人为主，信息的普及程度、流传广度受到影响，人们获取信息的渠道不够宽广。

（五）资金支持力度不一

谈到在 VR 方面的政府资金支持力度，世界各国情况不一，韩国值得一提。早些年，韩国政府在其游戏、综艺、影视界投资的“故事银行”就曾令我国的编剧颇为羡慕。如今，VR 是韩国的 9 个国家战略项目之一，因此政府在这方面的资金支持也是出手不凡。据 VR 网报道，韩国政府计划成立约 3580 万美元的 VR/AR 专项基金，专门投资相关的游戏公司、主题公园建设项目以及教育资源公司。另外，韩国未来创造科学部将在今后五年内投资 4050 亿韩元，约合 24.2 亿元人民币，除用于技术投资外，主要用于内容方面的投资，比如游戏体验、主题公园、影院立体放映、教育流通、娱乐等领域，对有潜力的企业进行集中培育，VR 产业已经上升到国家战略级的地位。

在国内，尽管业界有人对政府在 VR 方面的投资力度不满意，但实际上，我国政府也对 VR 给予了较多关注和较大支持。据 VR 陀螺 Vivian 报道，2015 年我国 VR 企业融资额度总数超过了 10 亿元人民币，比起美国 2015 年同期投资在 VR 领域的投资总额接近 7 亿美元[1] 来说相对较少，但对于国内高新技术来说，已经因资本的推动而成为 VR 产业快速发展的主要因素之一；到了 2016 年，在资本渐趋理性的背景下，政府资金的大力支持成为推动 VR 发展的“第二把火”；2016 年 2 月 22 日，中国（南昌）VR 产业基地成为国内第一个 VR 产业基地。2016 年 3 月 27 日，第一届中国 VR&AR 国际峰会在成都举办，会上宣布“中国西部虚拟现实产业园”（Western China Virtual Reality Industrial Park）确定落户成都，采取政府扶持与公司运营相结合的模式打通 VR/AR 文教和娱乐。

2016 年 4 月，工业和信息化部的下属单位中国电子技术标准化研究院发布《2016 年虚拟现实产业发展白皮书》，全面阐述了国内外 VR 产业的发展现状、技术特点、关键技术和

1. 此数据来自 Digi-Capital 的报告，2016 年 1 月 21 日。

主要应用等，在指出我国 VR 技术产业潜力巨大但在应用上存在挑战的同时，分析了未来的提升空间并在 VR 政策上给出了建议。2016 年 5 月 28 日，北京航空航天大学、山东省青岛市人民政府、崂山区人民政府与歌尔集团签署全面合作共建协议，成立了北航虚拟现实技术与系统国家重点实验室青岛分室。2016 年 7 月 28 日，国务院印发《“十三五”国家科技创新规划》，明确了“十三五”时期科技创新的总体思路、发展目标、主要任务和重大举措，指出研发新一代互联网技术以及发展自然人机交互技术成首要目标，侧重点是智能感知与认知、虚实融合与自然交互，即虚拟现实与增强现实。2016 年 12 月，国务院印发了《“十三五”国家信息化规划》，其中就强调了虚拟现实等前沿技术的布局。[1]

如今，关于 VR 硬件产品的缺陷，市场上已在想各种办法予以解决，为了解决用户与场景中其他人的交互，触摸有医用硅胶，体温有温度传感，呼气吐口水有 4D、5D、6D 影院里的喷洒头和芳香剂，被人打了就通一下微电流电击用户产生痛感，识别触摸墙时桌面有触摸膜和压电薄膜等。软件也在改进之中，面部动画有 FaceShift 或者 LipSync，角色之间的接触有成熟的 IK 库、FinalIK、EmotionFX 等，角色的物理模拟有 Havok 和 PhysX，场景渲染有 Simplygon 和 Umbra3D 等。

第五节 VR 发展趋势

VR 发展趋势代表着人借助于虚拟现实技术反映客观世界，及表现人与客观世界关系的趋势，讨论这一趋势，仍离不了“内容为王”。用户如果想得到优质的 VR 内容服务，一方面是要有性能良好的载体，另一方面是要有优质的故事内容。如果说 VR 设备的性能决定着用户的肉体感官享受程度，那么，故事内容则决定着用户的精神心理享受程度，所以说后者是更重要的。在目前，VR 硬件还存在一些问题，只有当硬件问题妥善解决之后，VR 内容的妙处才能真正被用户体会到。

关于硬件，一是价格问题，早期的 VR 台式机，首次体验可能需要投入 1500 至 2000 美元，相当昂贵，并且不包括内容购买；如今的头显价格降低了很多，但清晰度不够、卡槽设计不合理、沉浸感不强等问题或多或少存在着。二是网络的带宽，尤其是在直播领域，也是 VR 遇到的一大挑战，据时任爱奇艺 CTO 的汤兴表示，带宽是限制 VR 直播的最大阻碍，“512KB 还是中国的一个普遍现象，大多数家庭都还在 512KB 到 1MB 的带宽条件。但是像这种视频流，它的传输至少要 1MB 到 10MB”，因此会影响到 VR 的多角度拍摄、后台压缩、实时解码、传输速度等。三是 VR 硬件产品接口不统一且更新换代迅速，导致内容难以实现跨代兼容，甚至于某些内容也是专门为某一产品特定的，既无法跨平台操作，也无法相互兼容使用，随着硬件产品更新迭代，就纷纷被淘汰。正如业界

1.《2017 年 1—6 月全国各地 VR 相关支持政策汇总》，微信公众号“VR 陀螺”发表的网文，2017 年 7 月 18 日。

有人所说的那样，“只有当接口标准统一，再衍生出优秀的操作系统作支撑，然后才是内容春天的到来”。

以 VR 产业比较火的 Steam 平台为例，虽然它能够兼容多种设备，但是某些游戏，却只对某一款产品进行开放。目前 Steam 平台共有游戏 427 款，其中支持 HTC Vive 的共有 399 款游戏，支持 Oculus Rift 的只有 186 款，兼容范围受到了一定的限制。VR 厂商各有各的内容来源，标准不统一，市场就比较乱。加上 VR 本来就是一项新兴产业，谁也不想放弃能够占领市场的机会。要想像智能手机一样，真正迎来发展的黄金时代，必须要有一个稳定且强大的操作系统，才能真正实现内容产业的复兴。

未来的 VR，发展趋势是移动化、场景化、交际化、混合化。一方面，VR 内容质量的提升是硬道理，需要完善更多的、定制的、高度场景化的 VR 内容；另一方面，若想实现 VR 的大众化，需要移动 VR 设备的升级，具体来说，包括以下几个方面。

（一）开发更全面的感知系统

VR 与 AR 目前都主要依赖于视觉，然而，触感反馈系统的出现让沉浸感多了一种感觉，借助 VR 手套控制器等设备也可以去触摸那些虚拟物件。此外，嗅觉也成为 VR 感知系统的一个发展方向。

戴尔 Alienware 电脑创始人 Frank Azor 在接受《时代周刊》采访时提到，未来的 VR 技术将能够让我们在 VR 的环境中拥有嗅觉、触觉等，例如，即使戴着头显，我们也可以闻到画面中的花香，感觉到风的方向与温度。为 VR 内容提供深度搜索引擎的 SVRF 公司创始人 Sophia Dominguez 指出，“3D 是未来。对于 VR/AR 行业的从业者来说，这一点尤为明显。即使戴着头显，你也希望自己在虚拟的世界中沿用真实世界中已经习惯了的交互方式。因此，VR 的未来，应该是将人类的知觉与感知系统能够全部移植到虚拟的环境中去。”

（二）3D 扫描摄像头

目前，宜家正在与 HTC 合作开发一款名为“宜家 VR”的应用程序，借助该应用程序，家具设计师和室内装潢师可以按照客户的定制要求进行虚拟的设计方案制作。为了创造全沉浸感的体验，对房间的 3D 扫描需要特殊的摄像头。

Roomy 是一家提供专业 VR 房间设计的公司，其市场传播经理 Erika Dalger 认为，类似于 Matterport、Goolge Tango 等能够进行 3D 场景扫描的摄像头将在未来的市场中大有作为。

（三）更快的网络

VR 技术的发展对计算机的处理速度与网络速度都提出了很高的要求。基于云存储的 VR 内容，为了达到实时交互的效果，需要很高的网络带宽。据 Juniper Networks 网络公司的高级总监 Scott Sneddon 说，VR 技术的发展将带动互联网连接技术与速度的提升。“VR 设备需要搭建一个 Peer-to-Peer 的计算机对等联网构架，这是目前传统的互联网无法满足的要求。因此，VR 技术将会对互联网服务提供商、云存储服务提供商产生深远的影响，促使他们进行技术的革新与设备的升级换代。”

（四）更小的头显

目前市场上的头显设备还是有些笨重，设计上也显得有些怪异。更强处理速度的显卡和手机的到来，或许能够让 VR 头显变得比现在更小巧易用。行内人士认为，“目前所谓的移动 VR 技术，并不能够让用户在沉浸感中实现真正自由的移动。英特尔的 Alloy 项目算是首个在移动 VR 设备上进行位置跟踪的实验。” VR 头显变小，AR 技术的发展，这两者终究会融合在一起。目前，VR 与 AR 还是有分明的界限。

“随着技术的发展，你会更加依赖于 AR 技术，因为它可以把虚拟的环境与真实的环境结合起来。但是在教育、娱乐等应用中，VR 技术则更能创造所需的全沉浸感。社会化交往、协作方面，AR 与 VR 则会融合在一起，互相协作。”

（五）非游戏内容愈加丰富

目前，VR 内容主要被游戏占据。但是提供云内容管理服务的 Apcera 公司 CEO Derek Collison 认为，这种现象是暂时的。“我不认为游戏会一直是 VR 内容市场上的主流，随着技术的日益成熟，旅行、音乐会、电影内容等会逐渐地加入到战局中来”，“现在 VR 内容的制作费用昂贵，所需的专业度较高，但是我认为 VR 内容制作的费用会从 2016 年年底、2017 年年初开始下降。届时，将有更多的公司与相关人士从事 VR 内容的创作，市场上的产品也会更加多元。”这些预估是比较乐观的。

（六）教育与训练

专门开发音频与视频会议的科技公司 ReadyTalk 技术经理 Andrea Hill 认为：“VR 技术不仅能够让不同空间的人同时出现在一个虚拟的环境中，更重要的是，VR 提供的沉浸感，能够让教育、训练等项目更加逼真。学员如同身临其境，这是我们目前的教学与训练条件无法提供的。”

在常规教室中，一个老师只能教固定数额的学生，而一个 VR 老师借助于设备和网络，则可以教授的学生数量是无法限量的。借助 VR 技术，即使是世界历史这样枯燥的内容，也可以使课堂变得生动活泼。

（七）分享、体验 VR 内容的更广阔视角

VR 内容现在面临的一个限制是，所有的内容都由单一的视点与视角制作。

如果你观看一个有关车的内容，制作者没有拍摄车的左侧，你便无法看到车左侧的情况。或者演唱会，如果制作者的视角很糟糕，那么你的整个观影过程都要被困在这个糟糕的视角之上。Collison 据此提出了未来的发展方向，即随着设备的普及与 VR 技术易用性的提高，每个人都会成为 VR 内容的生产者。

通过将不同角度内容的渲染与拼接，我们将创造自由自在、观者毫无拘束的 VR 内容。还是以演唱会为例，如果不论是前排还是后排的观众都能参与到 VR 视频的拍摄中来。最后通过具有超强处理能力的计算机将所有片段进行拼贴渲染，那么一场 VR 演唱会将能够

事无巨细地呈现在观众的头显中。

第六节　VR策划与编导的理论定位与判断标准

一、VR策划与编导的理论定位

基本概念的明晰是做好策划与编导工作的前提和基础。若要做好VR原创内容的策划与编导，首先需要在与相关、相近的艺术形式区别开的基础上对其进行理论定位。

（一）VR与其他类型产品的关系

1. VR与普通影视

VR与普通影视都是虚拟现实，主要区别在于VR是用户“在场”的虚拟，而普通影视是用户“在外”的虚拟。但从用户角度说，在感官体验和观赏效果上都有某种程度的“以假当真”，区别在于程度不同：VR用户就在场景之中，无论视觉、听觉、触觉、味觉还是其他感觉，都是人工生成的，却被用户当成真的。普通影视的用户虽在场景之外，但会根据日常生活经验把二维屏幕上的各种场景还原成真实的、立体的原生状态，尤其是原创的情节类影视作品，由于人物形象真实可信、故事情节生动感人、场景道具有生活感等，就会吸引观众沉浸于故事情节之中，把片中人物的经历与自己的经历作对比，从而与片中人物产生“共情”，一起流泪或者欢笑，这其实也是一种类似于VR沉浸感之类的感觉。但由于眩晕的问题没有得到完全解决，会因晕动症引起的躯体不适而破坏“在场”感。

2. VR与电子游戏

电子游戏在当今VR界占据主流，也是沉浸感最强、发展最充分的VR样式，很多人把VR直接等同于电子游戏，也有相当一批以电子游戏为主营业务的公司直接称自己是VR公司，造成某些人对两个概念的混淆。实际上，VR与电子游戏是不同的概念，从产品类型上，两者是种属关系，VR是一个种概念，而电子游戏是一个属概念，电子游戏归属于VR的其中一种。从技术指标上，VR的诞生既借鉴了电子游戏，又借鉴了科幻小说等其他艺术门类中的有关构想和模型。从情节发展上，成熟的VR作品能让人沉浸于虚拟世界之中，不仅是在医疗、军事、教育等纪实类作品中得到应用，还要从故事情节的设定、人物形象的塑造等方面下功夫，通过剧情的力量感染人，吸引人。目前VR电子游戏是情节性最强的VR类型，但如果用户战败，故事就将终止。从艺术体验上，两者都有沉浸感，但用户在电子游戏中的沉浸比普通的VR更有代入感，一方面是“你死我活”的强烈角色意识，另一方面通过购买装备、对敌作战等，使用户沉浸其中，难以自拔，导致一部分用户尤其是未成年用户患上“网瘾”，成为问题少年，有关部门不得不出台禁止电子游戏厅及网吧接待未成年人、使用之前出示身份证等政策。由此足可看出沉浸感对于用户的吸引力。

3. VR 与智慧旅游、室内设计等行业产品

智慧旅游、室内设计、医学、教育等许多行业都在运用 VR 技术实现各种职业目的，这些产品的用户体验都符合 VR 的特点，但各种行业的 VR 产品大都是纪实性、记录式的，或者以介绍为主，缺少故事性，除非是专业或职业需要，一般人不会感兴趣，即使感兴趣也看不懂。但从长远来看，无论是网络的增速、媒体的普及、技术的发展还是用户的需求，无论哪种类型的 VR 都应该朝着故事化、艺术化、人性化的方向发展，不但能增加各种产品的应用价值，而且能使其更好地发挥作用。从这一角度说，以娱乐为主要应用价值的 VR 影视剧应该得到更好的发展。VR 影视剧是既具有传统影视叙事的美学与历史内涵，又使观众沉浸其中，作为剧中角色之一参与进去，与剧中人物共悲欢，同喜乐，在一起完成叙事的同时，既体验剧情带来的各种感官享受，又承载剧情引领故事发展。

（二）VR 的理论定位

从贴近大众需求的角度说，VR 影视剧是最受欢迎、也最有艺术价值的 VR 产品。本书的 VR 策划与编导侧重的就是 VR 影视剧。

1. VR 影视剧是马克思艺术生产论在当今创新发展的产物

VR 影视剧最大限度地实现了用户的主观能动性，是马克思艺术生产论在如今的创新发展。马克思艺术生产论不仅像此前的文艺理论观点那样强调作品本身，而且把作品放在生产—传播—消费的完整系统中进行考察，避免了把作品当成孤立的整体，而是把作品的策划、编导、创作、生产、传播、消费等都与作为主体的人结合起来，体现了综合、辩证的观点，对我们研究 VR 的策划与编导具有重大的启示意义。

当技术发展成为自动化的实践中介系统，就能把人从具体的劳动过程中解脱出来，享受审美带来的乐趣，恩格斯曾经说过，“正是由于这种工业革命，人的劳动生产力达到了相当高的水平，以致在人类历史上第一次创造了这样的可能性：在所有的人实行明确分工的条件下，不仅生产的东西可以满足全体社会成员丰裕的消费和造成充足的储备，而且使每个人都有充分的闲暇时间去获得历史上遗留下来的文化、科学、艺术、社交方式等一切真正有价值的东西。”随着旧的生产方式得到变革，特别是旧的分工被消灭之后，“代之而起的应该是这样的生产组织：在这个组织中，一方面，任何个人都不能把自己在生产劳动中所应参加的部分推到别人身上；另一方面，生产劳动给每一个人提供全面发展和表现自己全部即体力和脑力的能力的机会”。马克思主义经典作家关于艺术生产与人类关系的观点，在 VR 影视剧中得到了很好的体现。

2. VR 是接受美学在自媒体时代的全新应用

接受美学（Receptional Aesthetic）这一概念是由德国康茨坦斯大学文艺学教授姚斯（Hans Robert Jauss）在 1967 年提出的，其核心是从受众、用户的接受角度出发看文艺作品，他认为“一个作品，即使印成书，读者没有阅读之前，也只是半完成品”。这个观点是非常有道理的，作家写完小说如果不出版，只能自娱自乐，对读者是没有意义的；影视主创人员做的电影、电视剧如果不能跟观众见面，对观众也是没有意义的，因此，接受美学提出要重视受众的作用和感受，重视读者的积极参与，从社会意识交往的角度考察文学艺术的创作和接受，研究创作与接受和作者、作品、读者之间的关系，把文艺接受过程放在一定的历史和社会条件下去考察，反对孤立地、片面地、机械地研究文艺，强调文艺作品的社会效果等，这在当今“人人都是传播者”“人人都能拍视频”的自媒体时代都具有重要的实践意义。在过去，受众可选择内容很少，人们只能被动接受，没有交互的可能，沉浸感就很难建立起来。而在当今，随着时间的推移和技术的发展，人们在文艺接受过程中不仅有越来越多的作品，而且有越来越多的渠道和平台，特别是随着网络技术的发展，出现了“日常生活审美化，审美日常生活化”的情况，文艺与大众之间形成了无缝连接，每个民众都可以自由选择媒介与媒体，谁能吸引更多受众，谁就将成为胜利者；如果文艺作品不能以内容取胜，或者像传统影视作品那样只能允许受众看或者听，无论宣传多么强势，无论技术多么先进，都不可能长期拥有用户，VR 的优势在于允许用户沉浸其中，提升用户的主体意识和参与的积极性。但目前的 VR 恰恰在内容方面比较缺乏，这也正是本书讨论的主要内容。

3. VR 是社会发展到个人价值凸显时代的必然产物

从 VR 的功能来看，VR 也是传播媒介之一。从读书到读图再到“读屏”，从口耳相传到邮政通信再到电子传媒，有什么样的传播媒介，就有什么样的社会特质和人文关系。加拿大学者马歇尔·麦克卢汉（Marshall McLuhan）指出，“媒介即信息”（The media is information）。表面上看，这句话表明媒介传递信息的重点是信息对受众的刺激，比如，人们听摇滚乐，听到的不仅是歌词，而且是气氛；参加明星演唱会与红毯仪式，看的听的不仅是表演技巧，也有“追星”的心理满足；用微博和微信，不仅能满足于看到的和听到的，还有机会随时随地表达自己的观点。

不同的媒介形式可以对大众产生不同的刺激，从而使大众产生不同的信息期待。比如报纸的权威性，电视的快捷性，微博的个体性，图片的视觉性，视频的真实性，书本的知识性等，是各不相同的。反过来说，媒介使用的方式、传播信息的方式、产生影响的方式等，会直接影响到整个社会，比如当今影响深远的网络反腐，就已经具有与现实同等重要的作用。因此，专家提出，有什么样的媒介，就会有什么样的信息产生和传播方式，也就会有什么样的信息传播效率。

在当今，绝大多数人已经衣食无忧，生活稳定，除了日常物质生活的满足感之外，人们开始追求精神的享受，但又不是仅仅满足于被动地看或听，而是希望积极融入其中，并发挥自己的主观能动性，凸显自己的个人价值。比如报纸的“读者来信”，电视台的微信公众号，网站的“弹幕”等，都是由此而诞生的。VR 的出现，很好地实现了与用户的交互，不但允许用户参与到剧情之中，而且因其沉浸感和“以假乱真”的艺术效果而真正吸引用户。

二、VR 策划与编导的判断标准

VR 策划与编导的判断标准，一方面是属于 VR 自身的技术标准，涉及沉浸感、交互性等用户体验的效果；另一方面则是 VR 与普通影视共有的思想性和艺术性标准，并且思想性和艺术性要有机统一，才能达到比较理想的艺术真实并使用户因艺术真实的效果而体会到身临其境感。在此，马克思恩格斯关于文艺评论的“美学的历史的相结合的最高的批评标准”仍是一条重要的标准，其中美学标准是关于文艺形式方面的，既与用户能够体验到的沉浸感、交互感及视、听、触、味等感官感受有关系，又受各种硬件设备和软件质量的制约；而历史标准则是关于内容方面的，既包括有形的故事情节和角色形象，又包括无形的思想内涵和深层意蕴等。在这一评论标准中，马克思和恩格斯把美学标准放在历史标准之前、放在整个文艺评论标准的第一位，可见他们作为马克思主义经典作家“在理论上对艺术规律、审美特征的高度重视”[1]。VR 的艺术规律和审美特征还未被人们所熟知，而且会随着硬件和软件的发展而有所变化，这是我们进行 VR 策划与编导研究时不可忽视的问题。

如前所述，普通影视与 VR 的相似处之一在于都为用户呈现了虚拟的现实，比如 2017 年热播的电视剧《人民的名义》，2019 年电影“最强国庆档”之一《我和我的祖国》等都妥善处理了艺术真实与生活真实的关系，剧中人物和故事生动形象，使观众表现出极大的“投入感”。究其原因，这正是观众运用想象和联想，把电视屏幕上的二维图像幻化成虚拟现实的结果。

美国文艺学专家韦勒克指出，文艺理论、文艺史和文艺批评“三足鼎立”“它们之间的联系非常紧密”，如果说理论是研究原则、范畴、标准的，那么，对于具体艺术作品的研究则是历史和批评的任务。[2] 可见，具体艺术作品在整个理论研究包括文艺史及文艺批评中的基础性地位。国内也有专家指出，“文学史在某种意义上实际就是文学批评”“真正好的文学史就是文学批评”[3]。意思是说，好的文学史在某种意义上代表的就是好的文学作品，真正好的文学史研究与文学批评是不可分割的。此处的“好”与“坏”并非简单地指是否与当时的“政见”相吻合，而是指它们代表着一个时代对文艺的基本价值判断，尽管“一个时代有一个时代之文学”[4]，但无论评价哪个时代的文艺，作品分析与判断都是最基本的。对于文学是这样，对于 VR 在内的其他文艺形式也是如此，不仅要基于 VR 作品

1. 王怀通、董学文等：《马列文论教程》，河南大学出版社，1989 年版，第 349 页。

2. [美]雷内・韦勒克：《批评的概念》，张今言译,中国美术学院出版社，1999 年版，第 30-31 页。

3. 张旭东：《重读鲁迅与中国文学批评的反思》，《文艺理论与批评》，2008 年。

4. 这是清代学者王国维的观点。他在《宋元戏曲史序》中提出：“凡一代有一代之文学：楚之骚、汉之赋、六代之骈语、唐之诗、宋之词、元之曲，皆所谓一代之文学，而后世莫能继焉者也。”

的特点进行批评，而且要以正确的批评标准贯穿始终。

美学的历史的批评标准，是马克思主义文艺批评的“非常高的、即最高的标准”[1]，也是 VR 研究过程中对作品进行筛选和批评的最高标准，以此对 VR 剧情的优劣高下进行判断。

（一）美学的标准

美学的标准是按照艺术美的规律和美的特性对 VR 作品的优劣高下进行评价的。原因在于人是按照美的规律进行创造的，艺术是美的集中体现。

1. 美是感性的形象的

优秀的 VR 作品如同其他类型的文艺作品一样，提倡情节的生动性、丰富性，主张塑造的人物形象是“现实的人”而不是“抽象的”，是形象化的而不是概念化的，力图避免“现实的人变成抽象的观点”[2]，提倡“福斯塔夫式的背景”[3]。根据当前 VR 作品类型，无论 VR 游戏、VR 影片、VR 网剧还是 VR 广告，都离不开故事情节与人物形象，其中的故事情节是否生动，是否丰富；人物形象是否生活化，是否活灵活现，都将决定 VR 作品是否能够长期吸引用户参与进去。当然，目前 VR 由于技术、设备等方面还有一些缺陷，成本过高，片长有限，暂时不宜表现过于宏大的主题及“福斯塔夫式的背景”，这些都是 VR 策划与编导需要提前了解的。

2. 美是独特的，具有独创性的 VR 作品才符合美学标准

一是提倡表现人物的特征，反对“类型化”；二是提倡典型的“这一个”[4]。综观近年来 VR 的发展，对技术的热情高于对艺术的探讨，对设备的实验多于对情节的策划，对市场的追求强于对人物的设计，随着 VR 技术的成熟，关于 VR 剧情、VR 人物等艺术方面的重要性应该受到越来越多的关注。纵观一百多年来的电影史和半个多世纪的电视史，每一历史阶段都有成功的典型形象，且因不同历史阶段的社会文化背景不同、人物形象总体上

---

1. “非常高的、即最高的标准”是恩格斯 1859 年评论拉萨尔的剧本《弗兰茨·冯·济金根》时提出的，原文：“我是从美观点学和历史观点，以非常高的、即最高的标准来衡量您的作品的”，载《马克思恩格斯选集》第 4 卷，人民出版社，1972 年版，第 347 页。此前的 1846 年，恩格斯在为卡尔·格律恩的《从人的观点看歌德》一书写评论时曾指出：“我们绝不是用道德的、党派的观点来责备歌德，而只是从美学的历史的观点来责备他。”载《马克思恩格斯全集》第 4 卷，1958 年版，第 257 页。

2. 《马克思恩格斯全集》第 2 卷，人民出版社，1957 年版，第 246 页。

3. “福斯塔夫式的背景”是恩格斯在《致斐·拉萨尔》的信中提出来的，称“这幅福斯塔夫式的背景在这种类型的历史剧中必然会比莎士比亚那里有更大的发展”，其中的福斯塔夫是莎士比亚戏剧《亨利四世》（前、后篇）及《温莎的风流娘儿们》中的一个人物，作为封建社会向资产阶级市民社会过渡的没落封建骑士形象，围绕这个人物，莎士比亚勾勒了一幅五光十色的市井风情画。恩格斯对此极为推崇。

4. “这一个”是黑格尔美学中关于艺术典型理论的一个概念，他以“美是理念的感性显现”作为美学思想的中心，规定艺术作品是理性和感性、思想和艺术、内容和形式的统一。恩格斯对黑格尔的“这一个”概念及其关于艺术典型的观点持非常肯定的态度。

有明显的区别，从而在艺术风格、艺术流派、艺术思潮等方面都留下了历史的印记。未来的 VR 艺术到底会怎么样尚未可知，但根据 VR 的技术优势、叙事特长及发展现状，一定会比普通影视在用户中造成更大的影响。在 VR 策划与编导时需要注意的是，只有那些表现出人物真实性、复杂性及个体性的立体人物，才能使 VR 作品丰富生动，也才能使用户产生共鸣。

3. 美是有感染力的，具有真挚感情的 VR 作品才真正符合美学标准

一是反对枯燥无味[1]，二是提倡作品中有真挚的感情[2]。优秀的作品是在与受众、用户真诚交流的过程中打开市场的，无论宣传多么用力，无论技术多么炫目，如果故事情节不吸引人，没有真情实感，终将不会长期占有市场。在我国小说界、戏剧界、影视界都曾有过如下情况：在情节发展上理念大于艺术，在塑造人物时“二元对立”，人物一出场就能看出谁是好人还是坏人，“坏人”十恶不赦，“好人”全是优点，因其“类型化”而使塑造的人物形象成为“扁平人物”，作品中的审美色彩单一，就不可能具有长久的艺术生命力，这是未来 VR 剧情策划与编导时需要严加注意的。

4. 美必须在形式上合乎形式美法则

每一种艺术门类都有独特的创作规律、技巧手段和艺术语言，如果说绘画的艺术语言主要是色彩和线条，音乐的艺术语言主要是旋律和节奏，影视的艺术语言主要是声画和蒙太奇，那么，VR 的艺术语言可以说主要是交互和沉浸。VR 剧情策划与编导时必须自觉适应 VR 的创作规律、技巧手段与技术水平，充分运用 VR 的独特艺术语言并发挥其艺术优势，在把剧情策划好、把人物设计好、把剧本写作好的基础上进行 VR 总体策划与编导，才能真正做出在形式上合乎 VR 形式美法则的优秀作品。

鉴于当前 VR 制作成本高、周期长等情况，回顾一下影视艺术发展简况及其制作成本下降的过程，或许会对未来 VR 的发展提供启示。如前所述，影视发展都经历了从无声到有声、从黑白到彩色、从直播到录播、从模拟信号到高清信号、从小屏幕到大屏幕到 IMAX、从球幕再到以智能手机为代表的“微屏幕”等的转变过程。以早期电视剧为例，由于当时采用胶片拍摄且尚未掌握录音录像技术，创作手段只能以直播为主，必须全体演职人员齐心协力，一气呵成，稍有不慎即可能导致直播失败，重新再来的过程就需要重新投资，促使人们大胆地从其他艺术样式中汲取营养，出现了电视剧、电视小品、电视报道剧等各种艺术样式，有的用朗诵、相声、说书等形式进行串讲，还有的插播了用胶片拍摄的外景镜头、图片或纪录片资料等，在形式多样性、语言丰富性等方面都做了有益的尝试，开辟了早期电视剧艺术的发展道路，虽然能迅速、生动地反映生活，但缺点是成本高，耗资大，

---

1. 恩格斯指出，卡尔·倍克的《老处女》“枯燥无味得简直难以形容”，正是因为作者既没有对剥削者的愤怒，也没有对人民的真正同情。

2. 马克思批评欧仁·苏的《巴黎的秘密》之所以失败，原因之一是为了对德国资产阶级更礼貌一些而赢得官方喝彩，他描写罪犯的剿灭以增加情节的离奇曲折，也是“为了迎合读者又害怕又好奇的心理”。

“与（当时）我国的国情、财力很不适应”[1]。到了 20 世纪 90 年代，第一部大型室内剧《渴望》问世，以室内置景、多机拍摄、连贯表演、现场切换、同期录音等为创制特色的室内剧，被称为国产电视剧创作“基地化、工厂化、企业化、大众化的第一批特产”，成为国产电视剧的主导样式，在缩短制作周期、降低制作成本的同时，提高了电视剧制作的质量与效率，为解决我国电视剧需求巨大与制作能力有限的突出矛盾探索了新道路，迈出了成为“客厅艺术”的第一步，从此，电视剧逐渐进入千家万户，成为人们日常生活的重要组成部分。在当前 VR 成本居高不下的背景下，如果在进行 VR 剧情策划与编导时能从相邻艺术形式的发展中吸取经验和教训，也不失为一种选择。需要注意的是，对 VR 进行评判时的美学除了艺术方面、形式方面的标准之外，还应该包括技术方面的要求。技术方面的眩晕感或沉浸感有问题，会妨碍艺术性。

（二）历史的标准

马克思主义的历史的批评标准，指把作品放在特定的历史背景中进行分析评价，从历史唯物主义观点出发，依照历史的发展规律对作品的优劣高下做出符合实际的价值判断。历史的批评标准主要包括以下三个方面。

1. 历史真实性

历史真实性指作品中反映的矛盾冲突是否符合历史实际，表现的生产生活是否令人感到真实可信。马克思和恩格斯一贯重视“对现实关系的真实描写”[2]，不能“穿帮”，不能有“硬伤”，如同以前被观众广为吐槽的古装剧镜头里出现话筒、手机等当时没有的道具，台词有悖于历史常识等，VR 剧情策划编导也要注意历史真实与艺术真实的问题，除了上述有悖于历史常识的诸种情况之外，还要注意剧情是否符合当今用户的审美兴趣、人物是否受当今用户欢迎、风格是否适合用 VR 进行表现等。

2. 人物代表性

作品中的主要人物应为某种社会力量、某些或某类人的代表。“人在本质上是一切社会关系的总和”[3]，艺术作品所反映社会生活的中心正在于此。VR 及普通影视作品都无法回避这个问题，因为剧作中的人物形象作为历史内容的主要负载者，是人物所代表的现实关系及矛盾冲突的历史真实性的主要体现。按照恩格斯的说法，文艺作品中的主要人物“是他们时代的一定思想的代表，他们的动机不是从琐碎的个人欲望中，而是从他们所处的历史潮流中得来的。但是还应当改进的就是要更多地通过剧情本身的进程使这些动机生动地、积极地，也就是说自然而然地表现出来”[4]，这是经典作家对人物塑造提出的明确要求，也表明了人物形象的策划与设计在艺术创作中的重要性。

---

1. 仲呈祥：《“〈渴望〉热”后思录》，载《审美之旅》，中国青年出版社，2008 年版，第 232 页。
2. 《马克思恩格斯全集》，第 36 卷，人民出版社，1975 年版，第 385 页。
3. 《马克思恩格斯选集》，第 1 卷，人民出版社，1995 年版，第 56 页。
4. 《马克思恩格斯选集》，第 4 卷，人民出版社，1972 年版，第 343-344 页。

关于人物与剧情哪个更重要的问题，艺术理论界曾经有过争论，有人认为塑造人物比设计剧情重要，有人则认为设计剧情比塑造人物重要。直到 2014 年 3 月 18 日在美国旧金山举办的游戏开发者大会（GDC）上，热门 MOBA 游戏《英雄联盟》开发公司 Riot Games 首席故事设计师汤姆·阿伯纳西（Tom Abernathy）在发表对电子游戏中剧情部分的研究时，明确表示“游戏中，并非剧情吸引着玩家，而是角色”，他以电影创作为例，“当你问一个人他最喜欢的电影中的剧情，他常常要思考很久，但当你问这部电影中他最喜欢的角色，他往往会脱口而出。电子游戏也是一样，游戏的剧情作用被过分高估了，在玩完一款游戏后，玩家可能很快就忘记了游戏的剧情，但对游戏中的角色却会记忆深刻”，因此他得出结论，“专注于开发那些玩家最关注的东西，也就是游戏角色，要比专注于写故事设定更能吸引玩家的加入。”[1] 这一观点作为一家之言，可能会获得一些人的赞同，但实际上，角色与剧情是不可分割的关系，角色是通过剧情与用户见面的，剧情是通过角色展现出来的，没有角色，就没有游戏；没有剧情，也没有游戏。VR 也是一样，角色符合时代背景与剧情符合历史真实，其实是同一个问题。

3. 作者的立场与态度

作者的立场与对人物事件的态度，是作品思想深度的一个标志，也是作者把握历史规律的一个见证。不同时代、不同阶层的作家、艺术家，思想观点有所不同，甚至可能十分复杂，原因在于思想观点是历史的产物，同时包含着特定的历史内容。对作家、艺术家在作品中表达的思想观点进行科学、历史的分析，也属历史原则的范畴。

VR 的诞生与发展，是基于社会经济、科学技术等共同发展的，VR 技术与设备的每一个进步，都离不开经济和科技。不管是因 VR 的优势而欣喜，还是因 VR 的局限而遗憾，都需要结合具体的历史背景和技术条件，都需要注意社会效益第一、经济效益第二的原则。在国产影视发展过程中，曾经由于受到“眼球经济”的影响而一度偏离了美学、历史的评价标准，陷入追求票房、收视率和点击率的怪圈，不但出现了把所谓的“观赏性”与思想性、历史性并列为“三性”的错误导向，而且出现了《贞观长歌》那样“剧本只有 40 集，但是拍出来却有 82 集”[2]、被观众称为“注水”太多、“道具、建筑、台词、特技等方面”硬伤太多、“实在是看不下去”[3] 的作品。如此一来，作者的立场与对人物事件的态度被隐藏于金钱的背后，就非常可怕了。尤其是 VR 这类让用户沉浸其中的艺术形式，如果一切以金钱为衡量标准，以满足用户的猎奇心理、窥探心理为导向，将会把创作带向歧途。必须使 VR 树立正确的创作观，破除“唯收视率、点击率是瞻”等现象。

在当前 VR 技术、设备及投资行情都还无法支持长篇系列 VR 作品的情况下，在进行 VR 剧情策划编导时有必要未雨绸缪。英国浪漫主义诗人雪莱在其《西风颂》中有“冬天来了，春天还会远吗？”的诗句，对于 VR 长剧我们也应该抱有这样的信心。长篇剧作，

---

1. http://news.17173.com/content/2014-03-18/ 20140318112421239.shtml。

2. 吴子牛语。载刘鹏云：《〈贞观长歌〉回应争议 导演：艺术加工有道理》，《北京晨报》，2007 年 2 月 3 日。

3. 简宁：《中央电视台一套热播的电视剧〈贞观长歌〉你看了吗？》，新浪博客，2007 年 2 月 6 日。

无论长篇 VR、长篇电视剧还是系列电影，每一集的情节事件、人物形象及人物关系都是核心，主创人员对情节与人物的态度是中立的还是带有倾向性、如果有倾向性是否能前后一贯等，都是 VR 策划与编导时不可忽视的问题。如果为了让剧情显得波澜起伏而刻意地设计剧情，故事情节的发展根本不符合人物的心理逻辑和性格逻辑，那就弄巧成拙了。这种情况，在当今许多连续剧、系列剧中屡见不鲜，要么为了作品的戏剧性、艺术性而导致思想性的弱化，要么使观众产生接受心理的混乱与审美情感的矛盾，在进行 VR 策划与编导时要注意避免。

（三）美学的、历史的标准和谐统一

美学的、历史的批评标准是内在统一的，而不是相互割裂的，VR 策划与编导时也要将美学的、历史的标准统一起来，“只是历史的而非美学的”或“只是美学的而非历史的”批评标准，都是错误的，这就要避免“东施效颦、脱离民众、孤芳自赏的‘玩艺术’倾向”。[1] 原因在于，一方面，对社会生活进行生动形象的表现，是美学原则决定的；而要塑造生动的艺术形象，需要以符合生活实际为基础，因此，美学原则同时又是历史原则。另一方面，艺术作品的内容要正确反映社会生活的现实关系，是历史原则决定的；但在怎么才能更好地进行反映的问题上，历史原则同时又是美学原则。理论上，美学标准与历史标准在马克思主义文艺批评的“最高标准”中是一体两面的关系，两者应该是和谐统一的。[2]

关于美学的、历史的标准怎么才能相互统一的问题，在进行 VR 策划编导时要注意“三个结合”，一是要结合时代，以社会历史背景为准，也要以 VR 创造的形象和画面为准；二是要结合前辈和同代人，看他们各自生活于其中的社会环境，也要比较他们的 VR 作品对艺术界贡献的大小；三是要结合主创人员创作的发展和对 VR 领域的贡献，并通过对其所有作品的艺术分析进行综合评价。只有这样，才能达到美学标准与历史标准的和谐统一。仲呈祥先生指出，要防止在历史层面失去宏观价值判断的大智慧而津津乐道于形式层面的细枝末节的小聪明，也要防止离开对艺术本体真切的美感体验，去做大而无当的价值判断。[3] 尤其 VR 剧情的策划与编导对艺术与技术的要求都比普通影视高得多，投资大，风险也大，必须将美学标准与历史标准有机统一起来，这是 VR 策划与编导过程中塑造人物、设计剧情时必须重视的。

---

1. 仲呈祥：《中国电影百年的断想与反思》，载《审美之旅》，中国青年出版社，2008 年版，第 23 页。

2. 仲呈祥先生在多个场合反复强调美学的、历史的批评标准要和谐统一，参见《坚持“美学的历史的”标准的和谐统一——关于艺术批评标准的若干思考》，载《文艺研究》，2008 年第 10 期；《让科学的文艺评论发出声音》，载《审美之旅》，中国青年出版社，2008 年版。

3. 仲呈祥、张金尧：《坚持“美学的历史的”标准的和谐统一——关于艺术批评标准的若干思考》，载《文艺研究》，2008 年第 10 期。

思考与练习

一、什么叫客体？ VR 策划编导的客体所形成的虚拟世界与被反映的现实世界之间有什么关系？

二、虚拟现实分为哪些类型？它们之间的异同是什么？

三、为什么 2016 年被称为“VR 元年”？

四、VR 发展现状存在的问题有哪些？

五、未来 VR 的发展趋势是什么？有哪些注意事项？

六、怎么理解 VR 策划与编导的理论定位？

七、如何用“思想精深，艺术精湛，制作精良”对 VR 策划与编导的情况进行评判？

第三章
VR 策划与编导的对象

【本章导读】

本章基于对象是客体的一部分，分析了主客体相互作用下通过 VR 反映客观世界、表现人类自身及其形成的各类“对象性”产物，在列举诸多案例表明策划与编导对于各类 VR 产品重要性的同时，探讨了 VR 故事情节及其讲述的问题。在媒体分众越来越显得细化的今天，“内容为王”的重要性越来越受到重视，对于 VR 来说，技术固然是重要的，艺术方面如何讲好故事、如何设置角色、如何避免不协调等也都是不可忽视的。

对象是客体的一部分，是客体中与主体发生了某种关联并被“对象化”的那一部分，而主客体相互作用的产物便是形成了 VR 作品。在上一章讨论“VR 策划与编导的客体”基础上，本章重点讨论 VR 策划与编导的对象，即具体 VR 作品的策划与编导问题。

第一节　VR 策划与编导的对象及其样态

选题、选材是策划与编导的第一步，也是决定作品样态与质量的关键一步，无论哪种形式的作品，在从无到有的过程中都要先经过选题、选材，VR 也是这样。在当今种类繁多的 VR 中，作品样态大致如下。

一、情节类 VR

情节类 VR 是指有故事情节、起承转合、客观场景、人物关系且主要以讲故事为目的，而不主要是以玩游戏、做广告或教育、培训、研究等为目的的 VR 作品。

（一）VR 影片

1. VR 影片概念与简况

VR 影片，指借助计算机系统及传感技术生成三维环境，创造出一种新的人机交互方式，模拟人的视觉、听觉、触觉等感觉器官功能，使人能够沉浸在虚拟的电影场景中进行叙事，并可以 360° 查看周围环境的电影艺术。VR 影片与 VR 游戏有相似之外，经常被人混淆在一起，但实际上两者是不一样的。VR 影片为用户带来崭新的观影体验，缺点是高成本，制作烦琐，因此尚未普及。

关于 VR 影片与 VR 游戏的区别，业内专家研究认为，“VR 影片与游戏核心的区别是 VR 影片在呈现时，观众最重要的体验是‘观看故事’，观众处于客体地位，被事先设定的故事线索或情节所引导，观众主要通过‘观看’进行获取和学习；而游戏则主要以‘交互’为主体，参与者的乐趣在于不断地‘交互’，通过人机互动进行获取和学习。即使是游戏和电影早已出现相互融合的今天，我们仍然能够通过‘观看故事’和‘交互’这两个关键词将它们区分开来。虽然一些 VR 影片中已经出现了交互因素，比如观众的不同观看视线可以触发不同的事件，但是这些交互手段仅为叙事结构提供了新的可能性，观众的主要体验仍然集中于‘观看’这个故事，所以可称为 VR 影片而不是游戏。”[1] 也就是说，VR 游戏中交互的程度比 VR 影片高。

1. 孙略：《VR、AR 与电影》，《北京电影学院学报》，2016 年第 3 期。

2. VR 影片发展节点

2014 年，《速度与激情》系列电影的导演林诣彬，导演了一部 VR 短片“Help”。

2016 年 6 月，导演罗布麦克莱伦（Rob McLellan）推出了全球首部限制级 VR 影片“ABE VR”。

2017 年 3 月，Oculus 旗下的电影制作部门 Oculus Story Studio 带来了他们的第三部 VR 影片“Dear Angelica”。

3. VR 影片代表作品

如果不是讨论专门的 VR 影片，而是说电影中的 VR 元素，那就太多了，随便一个熟悉 VR 的电影发烧友或电子游戏迷，或许都能说出一大串长长的片名。

（1）电影中的 VR

《黑客帝国》：此片中有太多的情节让人迷惑不解，但若借助于虚拟现实技术来看片中的在母体和锡安世界自由穿梭的场景，就很容易理解了。智能头盔之类的可穿戴设备，是虚拟现实技术的成熟应用，但跟《黑客帝国》中“插管”场景的技术相比还有不小的差距。

《阿凡达》：这部科幻大片中的虚拟现实技术，是连接及控制的重要工具，与通过智能可穿戴设备畅游在虚拟的游戏世界中很相像。《阿凡达》中的很多场景，突出的是“连接”技术，而连接的桥梁，就是那些“高大上”的设备。

《星际穿越》：此片上映前曾在美国洛杉矶举行了一次 Oculus Rift 虚拟现实版放映会，观众不仅可以观看身边 360° 的飞船环境，还能切身感受到“漂浮”在太空中的奇妙体验，眼前呈现出广袤的宇宙，令人赞叹不已，完全像是身处于一艘宇宙飞船之中。

《X 战警》：此片借助 VR 技术塑造了一批具有特殊能力的变种人，并由他们组成了一个维护世界和平的“X 战警”小队。既有正派人物，也有反派角色，还有亦正亦邪的金刚狼。

《环太平洋》：此片在走上院线之前，曾在圣地亚哥国际动漫展上提供了虚拟现实版本的短片。只要戴上头戴式显示设备 Oculus Rift，就可以亲身体验操控 250 英尺高的机甲猎人 Jaeger 的美妙感受。

《盗梦空间》：此片充斥着迷幻梦境、凶险打斗、商业间谍、美女帅男，依托高科技手段营造出极富想象力的商业化场景，VR 技术为此片的叙事立下了汗马功劳。

《零点》：此片虽然片名跟 VR 没有关系，讲述的却是 VR 的发展史，作为一部纪录片，《零点》以 VR 为拍摄对象，在军事训练基地、博览会场馆、海滩等多个场景拍摄，用特殊的虚拟现实摄像机合成 360° 空间影像，讲述了 VR 的发展历程，从最初的观点提出者到项目研究员再到开发工程师，经过一系列艰苦卓绝的努力，最终使 VR 走入人们的生活之中。观看时也需要佩戴 VR 眼镜来体验身临其境的感受。

此外，《末世纪暴潮》《异次元骇客》《楚门的世界》《香草天空》《11:57》《感观游戏》《时空悍将》《夏日大作战》等，包括近年漫威公司出品的诸多影片，都运用了 VR 技术进行创新，参与叙事，吸引观众。

（2）VR 电影

与前述影片中具有 VR 元素相比，可以被称为 VR 电影的，是真正把 VR 作为叙事与结构的主体，而不仅仅是把 VR 技术元素穿插在常规叙事之中。最大的不同在于，VR 电影往往聚焦于纯粹的沉浸感，比如让用户体验成为一名世界级足球运动员或特技飞行员的感觉，产生更加微妙的效果，激发观众的审美兴趣。“这是一种极为私密而且往往情绪化的体验，”Rewind 工作者创始人、时年 35 岁的所罗门 • 罗杰斯（Solomon Rogers）表示，“我们在纽约现代艺术博物馆播放我们制作的比约克（冰岛歌手）‘Stonemilker’MV 时，现场有人落泪了，他们被所见所感打动了。”

随着 VR 技术的发展及用户体验的进步，对沉浸感、交互感等的要求也越来越高。2015 年年初，美国圣丹尼斯影展上展出了 Oculus Rift 电影工作室的第一部影片《迷失》（Lost），此片由 Oculus Story Studio 故事工作室制作，导演是该工作室的创意总监、曾拍摄过微电影《蓝伞》（The Blue Umbrella）的知名导演 Saschka Unseld。电影节期间，只要用户注册 iOS 或 Android 版本“Story Studio”应用，就能欣赏到这一影片。《迷失》的首次亮相仅有短短的 4 分钟，就把观众带到了另一个意想不到、如真似幻的世界，那就是手臂机器人居住的月光森林。整部片子的时长不超过 10 分钟，却花费了 1000 万美元。影片内容是用 CG 动画制作的，而不是 360° 全景摄像机的拍摄素材，但片中独特的艺术氛围也对用户产生了不小的吸引力。《迷失》的推出，成为 Facebook 大面积推广 VR 头戴设备的开始。该片讲述的是一群“手臂机器人”在漆黑的森林中失去身体并寻找自己的故事。角色的设定很有特色，很可爱，同时，用户通过虚拟现实设备的沉浸式体验，身临其境地“进入”到电影故事中。VR 影片《迷失》的出现，不仅是 Facebook 推广 VR 设备的一大重要举措，同时也是向电影制作人展示虚拟现实艺术与技术潜力的重要尝试。

《女妖章节》（The Banshee Chapter）被称为“第一部长篇虚拟现实电影”。此片原本是用 3D 技术拍摄的低成本惊悚片，2015 年在家庭影院市场直接投放后反响不大，而导演热衷于新兴科技，就联合了 Jamwix 公司利用 3D 转虚拟现实技术重新制作了可以用 Oculus Rift 观看的版本，并在 iTunes、Amazon 和 Netflix 等平台提供免费下载，奠定了其在虚拟现实电影领域的位置。

《特种快递》（Special Delivery）是《谷歌焦点叙事》（Google Spotlight Stories）[1] 中的一部，讲述了一位看门人“追捕”神秘陌生人的过程。观众可以跟随主角看完整的故事，或者是观看场景中其他配角身上的小故事。该影片使用了观看设备中的方向传感器来判断观众的视线集中于何处，然后触发预先设定好的事件，当观众把视线从主角身上移开时，故事主线便会停止，而当观众关注到画面中的其他位置时，相关事件又会触发。观看过这

1. Google Spotlight Stories 是谷歌公司推出的应用于移动端的电影技术平台，该平台借助动画、360° 全景视频、立体声音和交互技术，让用户沉浸在专为移动设备打造的故事世界里边，目前已有多部影片发布到该平台上。

部短片的体验者都会认为它是电影，而非游戏。“Special Delivery”引入了交互功能，观众的视线可以触发新的事件，电影、戏剧和游戏的特征在影片中比较均衡，这种带有事件触发功能的 VR 电影将是今后的一个重要发展方向。

“Help”也是业界比较有名的一部 VR 影片，导演曾执导过《速度与激情 3》至《速度与激情 7》。据说这部 VR 影片时长只有短短的 5 分钟，没有邀请一位明星参与拍摄，但花费了 500 万美元。不仅前期拍摄烧钱，后期制作同样烧钱，5 分钟的片子启用了 81 位后期人员，200TB 的素材花了 13 个月的时间进行处理，渲染帧数相当于四部《美国队长 3》。这也许就是为什么虚拟现实内容从一开始就显得制作非常有难度的原因，过去几十年还未完全解决的交互性问题，现在正以更显眼的方式出现在人们面前。

在国内，VR 电影的开发尚未形成气候，成本高是其中一个很大的问题，一部 5、6 分钟的 VR 电影，制作成本最低也要上百万美元，甚至上千万美元，但仍吸引了一些公司参与制作。兰亭数字、焰火工坊、次元矩阵、米粒影业、创幻科技等企业都有所涉及。特效方面，有诺尔动漫、威锐影业等；动画方面，有《十万个冷笑话》制作团队、追光动画、一立动画等；直播方面，各大视频公司试水，还有酷景网等诸多平台。目前发布的 VR 影片，时长一般不超过 10 分钟，3～5 分钟的影片居多。

2016 年，被称为“国内首部 VR 剧情短片”的《黑童话》上线。黄晓明、马思纯在剧中饰演一对恋人，两人为了能一起逃离虚拟世界，黄晓明演绎了在高楼、球场、教室、浴缸等 N 种场景中杀死妻子的疯狂，演技高超。最后主人公更是惊觉于现实生活与虚拟世界的难分难辨，而真实的人性也在虚拟世界的诱惑中逐渐显现。该片由优酷、数字王国合拍。随后，优酷、数字王国和易星传媒还共同宣布以“黑童话”命名的 VR 内容推进计划。“黑童话计划”包括“百个 VR 视频征集计划”和“VR 导演培训计划”，以此筛选出更多优秀的导演和内容，孵化出更多优质的 IP。此外，三家公司还共同成立了“IP 孵化基金”，扶持优秀的 VR 项目，推进更多优质的 VR 内容。

由中国 VR 影像内容与 VR 直播制作公司“兰亭数字”投资拍摄的 VR 作品《活到最后》[1] 于 2016 年 5 月 10 日正式上线乐视 VR 平台，代表着中国 VR 影像的发展紧跟世界一流水平，在国内 VR 产业链以及 VR 影史中都具有里程碑的意义。该片剧情结合推理、悬疑、密室等元素，并充满虚幻恐怖色彩。讲述了在一个真人秀节目中，5 个年轻人经过重重考验走到最后，却发现这是一场关乎存亡的死亡游戏！

1. 该片在媒体宣传时也称“中国影史上的首部 VR 影片”，见中国娱乐网：《国内首部 VR 影片<活到最后>正式上线乐视 VR 平台》，2016 年 5 月 10 日。

（二）VR 微电影

VR 微电影，是相对于普通篇幅的 VR 影片而言的。如果微电影是指“电影发展到文化创意产业时代的一种新形态”[1]，那么，VR 微电影就是微电影发展到 VR 时代的一种新的微电影形态，其时长、投资、制作周期都相对短小，但必须在故事情节、结构特点、艺术品位等方面符合电影的特点，且因篇幅短小精悍、形式新颖灵活而适应自媒体、新媒体、微媒体[2] 流行的“微时代”里人们审美接受的碎片化特点，并通过新媒体技术在移动接收终端实现快速、互动、双向甚至多向传播的创意产业形式。

VR 微电影的特点除了具有交互性、沉浸性、联想性等一般 VR 的特点之外，还有如下三个方面需要注意。

1. 微片长

结合 VR 技术现状及 VR 片长情况，综合业界共识，我们认为，VR 微电影片长最好介于 30 秒至 600 秒之间，即不能短于 30 秒钟或长于 10 分钟，太短则无法把一个故事讲清楚；太长的话既容易因 VR 设备而给造成观众视觉疲劳或审美疲劳，也可能造成投资的加大。当然，作品的时间长度不能一概而论，既不是决定作品质量的必然因素，也没必要作为硬性规定，具体要根据作品的体裁、题材、创作主旨及创意目的对时长进行限定。在普通的微电影中，3 分钟的《母亲的勇气》、5 分钟的《看球记》、6 分半钟的《幸福不苦》、10 分半钟的《天堂午餐》、22 分钟的《人人都爱李小曼》、40 分钟的《老男孩》、42 分钟的《玩大的》等都是非常优秀的作品，而 VR 微电影超过 10 分钟的话就可能会在用户体验及成本核算上带来相关问题，除非 VR 头显技术得到进一步提升。

---

1. 孔昭林、王彦霞：《微电影的创作与传播》，同心出版社，2013 年 9 月版，第 16 页。

2. 各种具有视频功能的手持移动设备，如具有无线移动功能的笔记本电脑、3G 及以上网络的智能手机、iPad、iPod、MP4 及其他移动视频接收设备等，都属于上述自媒体、新媒体、微媒体。

关于微电影的片长，有人认为 5 分钟（即 300 秒）以内为佳：康初莹发表于《新闻界》2011 年第 7 期上的《“微”传播时代的微电影营销模式解读》一文提出，微电影片长在 30～300 秒之间，但影片结构及内容设置却与传统电影同样完整；北京电影学院刘军于 2012 年 5 月 24 日在北京师范大学参加“新潮影像：微电影命名与形态”学术研讨会时提出，微电影要在“五分钟以内用熟练的、传统的视听语言讲述一个完整的故事”。有人认为应该在 10 分钟以内，厦门大学王乃考在《新闻天地》撰文《“微电影”的产生、涵义与特征》指出，“当你决定拍摄的是微电影时，你就绝不能对片长太过慷慨，最好将片长控制在 10 分钟以内”。也有人认为微电影的片长在 30 秒至 3000 秒之间：浙江大学洪长晖在《微电影的成长及其悖论——市场与受众的双重透视》一文中引用了《沈阳日报》署名文章中的观点，把微电影的时长上限扩展到了 3000 秒钟。[1]

对于 VR 微电影来说，片长不仅是一个与叙事有关的概念，也是一个与技术、设备等有关的概念。如前所述，由于 VR 的眩晕感问题尚未得到完全解决，国内 VR 影片的片长都是比较有限的，都以短片居多。

2. 微投资

由于目前 VR 的成本仍然居高不下，而且 VR 影片的篇幅一般比较短，所以 VR 微电影的成本还没有得到有效的控制，零成本的 VR 也尚未诞生，不像微电影萌芽时期的作品《一个馒头引发的血案》《倒鸭子》等诸多影片都是免费上传到网上，免费转发、免费下载的。但随着智能手机越来越普及、VR 技术越来越先进、投身于 VR 策划与编导的人越来越多、VR“民用”的呼声越来越高及“提升人民美好生活的获得感和幸福感”的政策引领，VR 微电影还需要进一步普及。

在电影发展的早期，无论国外还是国内，因胶片及设备带来的成本问题都是令电影人头痛的大问题，高投入、高风险，其中的重要因素就是胶片及拍摄冲印设备。梅里爱导演在拍片时的一次意外事故导致胶片被卡住，由此无意之中创造了“蒙太奇”效果，才使电影真正成了一门艺术。但成本过高的问题仍在长时间内无法解决，直到数码技术的普及，才真正解决了电影制作的高投入问题；网络及新媒体技术的发展，则给电影的传播插上了新的翅膀。微电影之所以能实现低成本甚至零成本创作与传播，也如同此前电影业的每一次创新和变革一样，是与技术进步分不开的。

值得关注的是，微电影的投资成本与时长并非正比例的关系。虽然有的网友自制视频实现了零成本的创作与传播，但大额投资、巨额投资的微电影也是有的，筷子兄弟制作“11 度青春系列电影”之一的《老男孩》花了 70 多万元[2]，片长 40 分钟；凯迪拉克营销团队投资 1 个亿制作的《一触即发》，片长只有 90 秒。一方面的原因是，不同导演对这一问题看法不同，启用的主创、演员、设备等不同，投资规模就会大大不同；另一方面的原因是经

1. 洪长晖：《微电影的成长及其悖论——市场与受众的双重透视》，原文见陈凤军：《微电影：动人的故事怎样讲》，《沈阳日报》，2011 年 4 月 11 日。

2. 陈杰：《多产业合力掘金微电影市场》，《北京商报》，2011 年 6 月 29 日。另一说法是此片投资 40 万元，见房栋：《微电影的发展特点与趋势》，《电影文学》，2012 年第 5 期，第 45-46 页。

济学领域的“规模效应”[1]，一般情况下长作品的单位成本相对较低，制片方的利润率就会相对提高。当然，从巨额投资而言，《一触即发》的案例在微电影界并不多，大投资也并非微电影的制胜法宝，在网络上受到热捧、取得良好传播效应的，往往并非大投资的巨制，而是投资并不大、但创意精妙的作品，甚至是零成本的“自娱自乐”的作品。

3. 微制作周期

VR 微电影制作周期短，是相对于 VR 普通电影而言的。国内首支 VR 故事短片《再见，表情》时长大概只有 5 分钟左右，项目在 2016 年 1 月中旬开始启动，在 4 月中旬开始进行剧本的创作，6 月份正式开始 CG 制作，制作时间 5 个月，前后期参与的制作人员超过 50 人，累计的版本超过 190 个，渲染所用的时间与动画电影《小门神》基本相同。VR 普通电影的制作周期会更长。

微电影以其操作的简单性、传播的快捷性、观众的开放性、制作周期的“短平快”等特点，吸引了越来越多的实践者，投资成本可低可高，拍电影不再是影视界大腕的专利。只要拥有简单的摄影设备和处理软件，每个人都可以做编剧、导演；只要有兴趣和愿望，每个人都可以做导演、主角、配音、后期。微电影为制作者们提供了独特的方式去表达被强势媒体忽视的草根人群的喜怒哀乐，表达着被主流媒体不屑的社会生活的细枝末节。因此，在微电影界，投资规模与制作周期不再是决定作品质量高低、口碑好坏的决定性因素，有些“微投资”甚至“零投资”的作品也能在网络上引起强烈的轰动效应和巨大的播放次数。比如，被微电影界奉为经典的筷子兄弟作品《老男孩》，上线 6 天就获得了超过 2500 万次的点播数量，仅用价值不到 3 万元的数码单反相机的高清录像功能便拍摄完成。

如今，VR 被越来越多地应用于各行各业，比如一般的房屋中介手机中就会装有 VR 短片，把房源的室内环境用 VR 手法拍摄下来并进行制作，当用户需要看房时就不必真正走到待售或待租的房子里，而是可以借助手机的 VR 软件观看并通过点击屏幕进行互动。

把 VR 微电影与普通电影、微电影的制作周期及运作程序进行对比，也很有参考价值。比起普通电影，普通微电影的制作周期就短多了。一是目前普通微电影无须像普通电影那样履行报批手续，网友自主上传到网络后，由各个网站进行审核。二是普通微电影由于篇幅较短，策划制作起来相对简单。以《一个馒头引发的血案》为例，网友胡戈从 2005 年 12 月 18 日决定改编一下电影《无极》，先用录音软件把自己的旁白及画面中的电视节目主持人、电影片段中人物等的配音录下来，以一定的录音文件形式存储在电脑里，然后用 Adobe Premiere 等音视频剪辑软件选定要替换的那一段，去掉原来的声音，再置入他自己录制的声音，进行合成就完工了，前后只不过用了 10 天，2006 年年初，此片免费上传到网络上并迅速蹿红。[2]《野战排》20 天左右拍完、剪辑完，《女生日记》包括

---

1. VR 及影视制作传播的成本如同普通的经济活动一样，包括固定成本和变动成本，其中的变动成本会随着影片时长的变化而同比例变化，但固定成本是不变的。只要是正规的剧组，即使拍一分钟的短片，也都需要导演、编剧、灯光、照明、摄像、道具、服装、化妆等工种。影片的“最佳片长”取决于经济学的“规模效应”，既与固定成本有关，也与变动成本有关。

2. 《一个馒头引发的血案》，百度百科，http://baike.baidu.com/view/23680.htm。

后期一共 15 至 25 天左右，更有“短平快”类的制作者公开宣称“小型 1、2 天，大型 3、4 天，一般 2 天足够拍一部微电影”。2012 年，演员黄渤首次执导拍摄微电影《特殊服务》就一鸣惊人，不但对在线点击量突破千万感到“始料未及”，而且坦言“我这是第一次拍，只拍了两天半。”

由于制作周期短，加上前述的片长短、投资相对较少，因此微电影的故事情节比较“浓缩”，台词对话比较简练，不但对策划编导人员提出了更高的要求，也对演员表演提出了更高的要求。VR 微电影也是这样，由于成本、技术等的限制，在叙事技巧上对策划编导的要求也是更高的，而且制作要比普通的 VR 影片烦琐得多，周期也长得多。一方面，我们寄希望于随着 VR 技术的日益发展使 VR 的制作周期有所下降，另一方面也要不断提升策划与编导实力把 VR 故事讲好。

（三）VR 剧作

VR 剧作的分类有不同的标准，从作品体裁样式来分包括 VR 单本剧、VR 连续剧和 VR 系列剧；从叙事载体来分包括 VR 舞台剧、VR 电视剧、VR 网络剧；从篇幅来分包括 VR 短剧和 VR 长剧等。

尽管目前占据 VR 主流的只是 VR 短剧，但探讨 VR 剧情的策划与编导，对其他形式的 VR 剧作也要有所了解。从叙事的角度，类型学意义上的 VR 单本剧与当今一般意义上的 VR 电影、VR 短剧在形式上都有某种相似性；而 VR 电视剧和 VR 网络剧只是播放载体的不同，在叙事、结构、角色、节奏等方面都没有本质的区别。值得探讨的是 VR 连续剧、VR 系列剧和 VR 舞台剧。

1. VR 连续剧与 VR 系列剧

在 VR 影片篇幅还十分有限的今天，谈论 VR 电视剧与 VR 系列剧显得为时尚早，但只要我们相信 VR 技术是不断发展的，用户需求是不断变化的，人类是不断进步的，就应该对 VR 连续剧和 VR 系列剧的诞生与繁荣抱有信心。

VR 连续剧与 VR 系列剧的相似之处在于各集剧情相关，主要的人或事贯穿始终，篇幅较长，结构以“多线索、多板块、网状人物关系、复杂的社会历史信息含量”等为特点，因此比单片的 VR 影片在事件构成、人物塑造、信息包容、节奏控制、时空处理、表现手法、风格体现等方面都有更大的自由，在策划、编导、叙事技巧等方面也都相对自由一些。关于 VR 连续剧和 VR 系列剧的片长，参考根据“Don’t Knock Twice”电影改编、索尼 PlayStation VR 头显平台上的 VR 游戏《星球大战：前线 1》之侠盗 1 号 X-Wing VR 任务等的片长，尤其是 VR 游戏开发商 Crytek 公布其首个 VR 游戏《罗宾逊：旅途》的片长为 3～5 个小时[1]，我们在探讨 VR 连续剧和 VR 系列剧的每集片长时，尝试按每集 30 分钟左右，比普通电视连续剧的稍短，既避免用户疲劳，也便于 VR 叙事。从结构上，每集剧中

1. 《〈罗宾逊：旅途〉公布流程长度　游戏时长为 3～5 个小时》，游侠网，http://www.ali213.net/news/html/2016-10/269513.html，2016 年 10 月 23 日。该游戏讲述的是一个穿着宇航服的小男孩在神秘星球坠机后的冒险故事。在游戏中，玩家可以 360° 自由探索周围的一切，通过和丰富的生态环境互动，揭开背后的惊人秘密。

一定要出现让观众兴奋的故事点，这既是 VR 剧情不断发展的基础，也是吸引用户持续参与下去的前提，一般每隔 2～3 分钟要有一个兴奋点，每隔 5 分钟要出现冲突的起伏和变化，每 10 分钟左右要有一个小高潮，到每集结尾处则开放式地留下一个悬念，以便吸引用户持续追剧。

VR 连续剧与 VR 系列剧最大的不同在于，连续剧各集故事情节的关联度比较大，且靠因果关系推动；而系列剧各集独立成章，每集之间由主要人物关联。在 VR 连续剧和 VR 系列剧跟用户的关系方面，与电视剧有可比之处。电视剧能够连续不断地讲述故事，有理论家认为其已成为“‘家具’的一部分，它侵入家庭和生活，它影响思想并改变习惯”[1]。这一观点既指出了普通电视剧与观众的密切关系，即它成为“家具”的一部分侵入家庭和生活；又指出了普通电视剧给观众带来的变化，即它影响人们的思想并改变习惯。对于观众来说，“电视剧用每天观看的延绵的故事拴住我们，让我们分享其中的痛苦和欢乐，让我们沉醉其间……用无穷无尽的故事书写着人生的斑斓多彩的传奇”[2]，电视剧“源于生活，高于生活”，几乎每天都在播放，几乎每天都以剧中人物的故事触及观众的视听感官，自然就会潜移默化地影响观众，包括衣食住行及行为习惯、文化追求等。“故事是人生的设备”[3]，人生是由一串一串故事组成的，如果承认朱光潜说的“人生如戏，导演是自己”[4]。那么，“戏如人生”，则是电视剧、VR 连续剧、VR 系列剧等讲述故事的惯例，唯其如此，这些剧作才能产生越来越大的吸引力。

需要强调的是，VR 连续剧与 VR 系列剧在情节、人物、结构等方面不尽相同，VR 连续剧的情节是连贯的，下一集接着上一集的故事进行讲述，人物也是贯穿前后的；而 VR 系列剧则是每集讲述一个完整的故事，每集之间情节可能不连贯，人物则是主要人物贯穿于各集之中，但次要人物可能每集都不一样。

2. VR 舞台剧

VR 舞台剧作为一个新概念，目前尚未受到很多人的重视，普及率不高。原因一方面在于舞台实践与电影实践有本质的区别，电影一般是间断拍摄、单独制作、反复播放的，而舞台剧则包括话剧、歌剧、舞剧、歌舞剧等，其特点则是表演、播出同时进行，“一次性表演，一次性呈现”，即使把舞台演出实况摄录下来，观看的感觉也完全不同于在舞台前看演员真人表演。因此，把 VR 运用于一次性即兴表演的舞台上，在操作上比 VR 影片的难度还要大一些。

---

1. 周传基译：《作家与银幕》，载《世界电影》，1998 年第 4 期。

2. 张颐武：《为“中国梦”写传奇——〈黄金档〉序》，载李星文：《黄金档 温暖中国人心灵的 40 部电视剧》，东方出版社，2010 年 6 月版，第 2 页。

3. 美国学者肯尼思·伯克语。转引自[美]罗伯特·麦基：《故事——材质、结构、风格和银幕剧作的原理》，周铁东译，中国电影出版社，2001 年版，第 13 页。

4. “人生如戏，导演是自己”，朱光潜语。参见《党政论坛（干部文摘）》，2011 年 2 月 25 日。

即使 VR 舞台剧在操作上有难度，也已经有人开始了尝试。据网媒报道，“增强现实 AR、虚拟现实 VR、2.5D 投影、全息成像、无人机、传感器、3D 打印……文科生连名字都读不转的黑科技，已经应用到舞台剧了。”[1] 以虚拟沙盘为例，又称虚拟地图，就是用投影模拟出立体地图，以前通常在科幻片对攻时出现，如今被运用于各种舞台秀。小的如“Out of box show”，一台卡巴莱和个人肢体结合的小型秀，全部背景道具都靠虚拟沙盘完成。大的虚拟地图如著名动漫公司漫威的舞台秀“Marvel Universe Live”，用的投影屏幕 140 英尺长、36 英尺高（约合 42 米长、11 米高），像三层楼那么壮观，宇宙英雄扑面而来的那种感觉，令用户感到十分震撼，自然就比较容易产生代入感并沉浸其中。

二、游戏类 VR

VR 游戏就是利用计算机模拟产生一个三维空间的虚拟游戏世界，向用户提供关于视觉、听觉、触觉等感官的模拟效果，使他们感受到身临其境的体验，能够自由地与虚拟时空内的事物进行互动并参与其中。只要打开计算机，戴上虚拟现实头盔，就可以让用户进入一个可交互的虚拟现实场景中，不管用户怎么移动视线都位于游戏里。

1.《用最先进的科技做舞台剧，是个什么效果？》，搜狐网，http://mt.sohu.com/20160802/n462257576.shtml，2016 年 8 月 2 日。

1. VR 与游戏的天然联系

对于以虚拟世界为主的游戏来说，VR 相对来说更符合现在游戏的发展逻辑，换句话说，电子游戏与虚拟现实技术之间有着更为天然的联系。因为电子游戏与其他行业的单纯模拟不同，电子游戏中往往需要构建的是完整的宏观世界，对于技术方面的要求更高。因此，在作为应用平台的同时，游戏对于虚拟现实技术的发展起到了巨大的需求牵引作用，并且用户在玩游戏的过程中主要体验的是与虚拟世界的交互，而不太需要他们跟外界有太多交互，因此，有人认为“在游戏行业，VR 技术将会成为一个几乎唾手可及的技术引爆点”，谁能够率先掌握 VR 技术并且加以普及，谁就有条件在游戏市场得到领跑的机会。

2. VR 为游戏发展带来了新机遇

就游戏本身的发展来说，从早期的 MUD 文字游戏到 2D 游戏，再到 3D 游戏，随着画面和技术的进步，游戏的拟真度和代入感越来越强。究竟如何才能让玩家更深刻直观地体验游戏的世界呢？游戏开发者们因为虚拟现实技术的出现而看到了曙光，它不仅使游戏更具逼真效果，也更能让玩家沉浸其中。因此尽管面临诸多技术难题，虚拟现实技术在竞争激烈的游戏市场中仍然得到了重视和应用，同时也催生了专为游戏而生的虚拟现实设备。

目前，已经有几十款游戏发布了支持 Oculus Rift 的版本，其中不乏恐怖、射击和模拟生存类游戏，例如以太空遨游为题材的游戏“Blue Marble”，让玩家能够在音乐中，漫无目的地漂浮于地球和月亮之间，感受神秘的宇宙；而恐怖冒险游戏“The Underworld”则需要玩家一边探索地牢，一边躲避怪物追击。随时会出现的怪物会吓得玩家措手不及，虚拟现实的感受更是让恐怖指数骤增……虽然 Oculus Rift 目前推出的仍是开发版，但现有的游戏资源还是能够让玩家超前体验到虚拟现实游戏的魅力。

除了 Oculus Rift 之外，谷歌的虚拟现实设备 Cardboard、三星的 Gear VR、索尼的 PS4 虚拟现实眼镜项目“墨菲斯计划”以及中国虚拟现实游戏头盔 3Glasses 等各种虚拟现实设备均相继亮相，也预示着越来越多的大公司开始涉足这个领域。

3. VR 游戏代表作品

熟悉 VR 游戏的网友都知道，VR 常常借助于影视 IP 的平台进行推送，比如《西部世界》《土拨鼠之日》等影视 IP 都曾推出过 VR，“Zenith”“Battle Wave”“Tokyo Chronos”“Red Matter”等都是“游友”们耳熟能详的。下面挑选几部代表性的 VR 游戏，从策划与编导的角度谈一谈。

End Space：VR 游戏原本支持 Oculus Rift、Oculus Go 和 Gear VR，后来登陆了 Oculus Quest 平台。允许玩家在无线的环境中体验太空战斗的刺激，是此款游戏策划与编导的最大特点，设计灵感来源于主创人员在儿时与兄弟玩的太空模拟器。从剧情的角度说，游戏叙事的线索是“保护贸易联盟的秘密技术”，玩家将驾驶银河系中最先进的星际战斗机，遨游在浩瀚的星空，为了完成保护贸易联盟的秘密技术这一任务而不惜一切代价，如果不能及时躲避来自塔尔图斯解放阵线的来袭导弹，就可能变成一颗太空尘埃。自从“End

Space”在其他平台上获得成功后，开发商 Orange Bridge Studios 便一直在为 Oculus Quest 版做优化，包括战舰、图形和关卡等，致力于给玩家带来优秀的游戏体验。

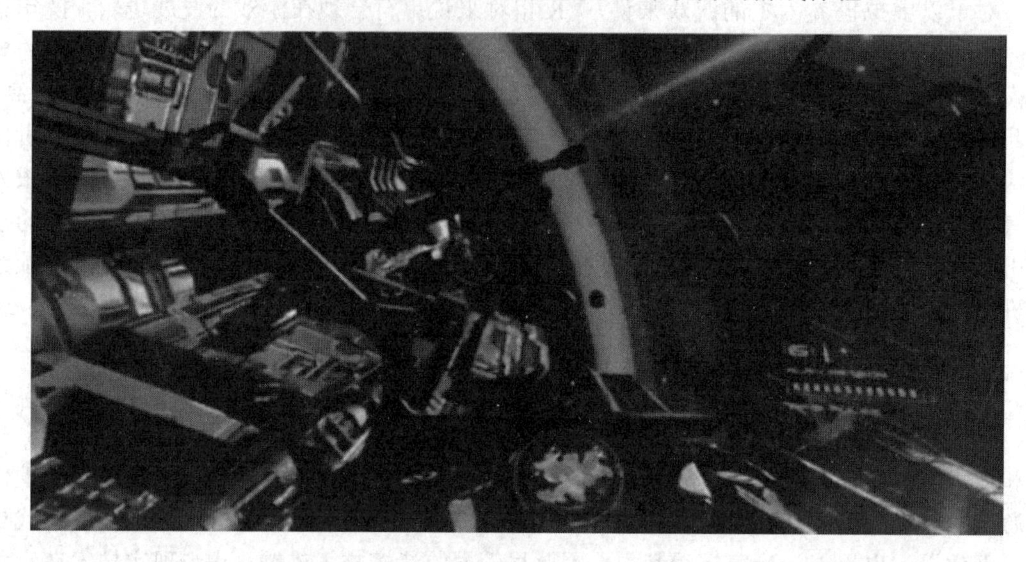

Espire 1：VR Operative 游戏支持 Valve Index、HTC Vive、Oculus Rift 和 Windows MR，登录 PS VR 平台及 Oculus Quest 和 Oculus Rift 后获得了更多用户。作为潜行游戏的代表作之一，此游戏的核心玩法为“Control Theatre”，在剧情上更突出了玩家的主体性，遇到危险时可以激活“子弹时间”模式，向敌方守卫喊“冻结”即可使其停在轨道上，再绕到敌人的身上搜寻武器，不仅设置了镇静剂手枪和可部署的间谍相机用于自卫，还很关注战术性和开放性，玩家可以混合搭配不同的游戏方式，以自己可以支配的节奏完成剧情。开发商 Digital Lode 希望可以通过这种操作模式，为玩家提供自主而又舒适的游戏体验，这是此款游戏在剧情策划方面的一种突破。

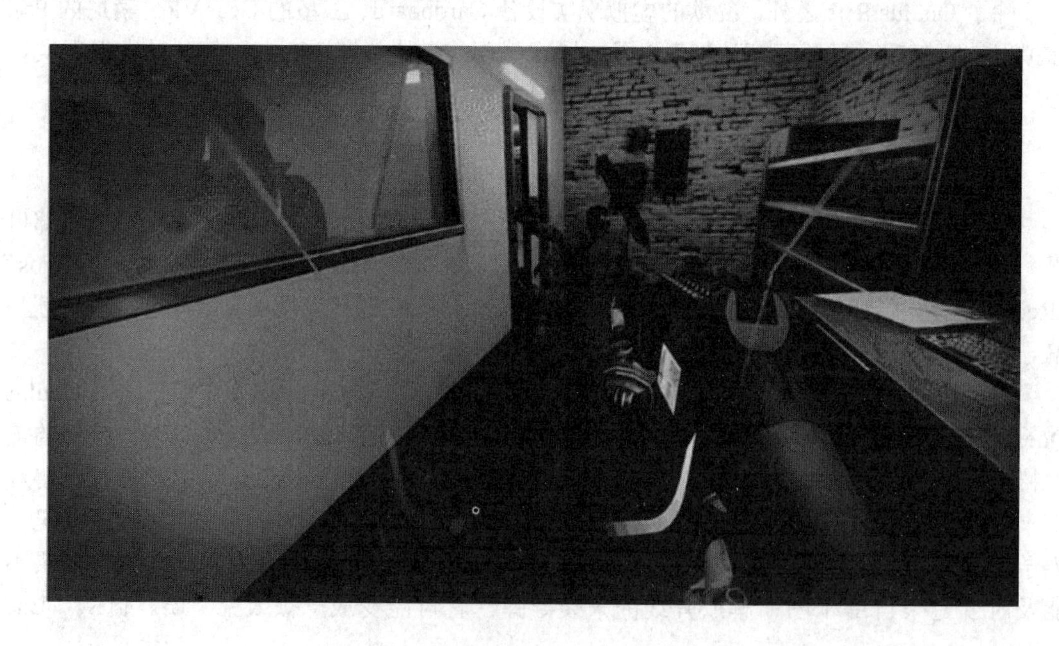

“Dirt Rally”是一款由数字游戏商店 Humble Bundle 推出的免费版赛车游戏，已正式登陆 Oculus Rift。在 Humble Bundle 页面上点击“Get it now”按钮，然后通过邮箱中的下载地址进入 HB 页面，即可获取 Steam 平台的激活码。“Dirt Rally”内置了 8 条国际汽联世界跨界拉力锦标赛指定赛道，全靠玩家直觉和领航员指引。游戏通过逼真的赛道环境、物理操控模型、轮胎及悬挂调整项，让玩家感受到了最直接的拉力赛竞速体验：不仅可以在赛道中飞速奔驰，还能体验在驾驶室里控制赛车的感觉。

如果探讨让游戏从玩家体验中自然产生，《矮人堡垒》把这个概念运用到了新的高度。这是一款沙盒游戏，用户的任务是建设自己的王国，直到游戏复杂到自然而然地产生大灾难，把一切都摧毁，以这种方式让用户详尽地模拟了矮人王国。此款游戏的图像看起来略显粗糙，其实能给用户提供非常精细的体验，它模拟了矮人王国的一切，从切断千年峡谷中的河流到落在儿童睫毛上的雨滴。游戏情节中有一个非常了不起的地方，那就是使用简化的图像，让玩家用自己的想象填补空白，赋予游戏中的细节以意义和动机，通过这种想象和游戏的复杂度，用户会知道游戏中应该发生什么样的故事。玩家在“DFstories.com”上发表了许多自己的感想，有些令人动容，有些非常幼稚，可以看出这款游戏激起了玩家的想象和情绪。在策划与编导的风格上，《矮人堡垒》走向了一个极端，致使一部分人无法理解它，但仍然有许多值得学习的地方。我们可以借鉴的主要是自发情境，即无论是来自复杂规则的交互作用、玩家的实践或随机机遇，都可以像脚本化的情境那样影响玩家，甚至更深刻。当这些情境让人觉得是有目的的，且为故事增加了深度，优美的叙事就产生了。情境自然浮现意味着，它极可能是特别的，使玩家觉得自己的体验是独一无二的，因为他们知道一定没有其他人有过相同的体验。这其实是对 VR 沉浸感的良好探索。

“Brogue”游戏中，用户扮演一名探索程序生成的洞穴冒险者，目标是找到洞穴深处的宝物，并把它完整地带出来。这款游戏的控制难度很大，非常容易犯错导致用户扮演的角色死亡。从游戏故事情节的策划与编导而言，显性故事极少，用户所知道的只是在寻找什么，以及所处的环境是非常危险的。虽然如此，这款游戏为故事的起承转合及用户的真实体验创造了大量机会。道具、敌人和环境之间存在复杂的交互作用。草地着火时，敌人可以转变为同盟；物品掉落时，可能触发机关导致危险；当困在桥上时，两边的地精封死了出路，桥下是万丈深渊。如果当时的“生命值”所剩不多，打不过对手，就只能运用现有的道具，那就是一瓶不知有什么效果的药水。在地精们逼近时喝下了药水，不幸的是，这是一瓶燃烧的药水！桥断了，大伙儿全都掉进了峡谷里去。火焰熄灭了。有些地精同样落进水中，才得幸存，其他落在地上的死的死，伤的伤。然而，有一只身上着火的地精正好落进充满沼气的沼泽里，引发了大爆炸，把幸存的地精们都炸死了。用户捡回一条命，然后就可以在昂扬的激情中继续探索之旅。

在故事情节方面，“Brogue”游戏情节的策划非常连贯，而且非常有动作感，各个元素之间有丰富的交互活动，像动作电影或游戏的过场动画一样令人热血沸腾。对于用户来说，在游戏中的旅程走得越远，就会遇到越多的元素，意味着会有更多的交互及情节展开。这款游戏虽然没有对白，但其攻略不像有些游戏那样哗众取宠，而是实实在在地包含着真正的故事：关于玩家在危险的洞穴中有些冒险的故事，换个角度说，“Brogue”就像海明威的小说，虽然情节、词汇、句式等都比较简单，但组织得非常娴熟，恰到好处地表达了它的主题，对动作和冒险的主题诠释很深刻，因此能让用户有真实的交互感和沉浸感。

4. VR 游戏的前景

关于 VR 游戏的前景，业内很多人是抱有乐观态度的，也确实值得游戏公司去付出精力。根据一份名为《中国 VR 用户行为研究报告》的数据显示，国内 15～39 岁人群中，VR 潜在用户数量接近 3 亿，购买过各种 VR 设备的用户已达 96 万人。其中接触过或者体验过 VR 设备的“浅度用户”为 1700 万人，购买过各种 VR 设备的“重度用户”为 96 万人。超过七成的 VR“重度用户”几乎每天都使用 VR 设备，21%会每周使用三次以上。国内 VR“重度用户”每天使用 VR 设备的时长主要集中在 16～60 分钟，平均每天使用时长为 34 分钟。他们大多对于游戏、电影、旅游等有着强烈的需求。

在国内，目前游戏公司还是以游戏 IP 内容比拼为主。以三七互娱平台为例，目前注册用户超过 4.8 亿，运营业务以网页游戏、手机游戏为主，目前正在大力布局 VR 游戏市场。它采取的战略就是一方面推行 IP，除购买优秀 IP 之外，还与芒果传媒、奥飞动漫以及星皓影业达成了战略合作，像《天堂 2》《航海王》等知名 IP 都在三七互娱旗下；另一方面，三七互娱推行全球 CP 战略，先后组建了研发团队极光网络、火山湖工作室、奥丁工作室，同时提出海外“雏鹰养成”计划，成立国际投资部门，计划耗资 1 亿美元作为全球游戏工作室的种子投资基金。

2016 年 3 月，三七互娱以 316 万美元投资加拿大虚拟现实公司 Archiact。这可看作是国内游戏公司在 VR 游戏布局方面的案例。Archiact 是一家 VR 游戏公司，虽然成立时间（2013 年）较晚，目前团队人数仅在 40 人左右，但其在 VR 游戏方面却取得了非常多的成绩。简单举几个例子，自主研发的“Lamper VR: First Flight”“Lamper VR: Firefly Rescue”“Waddle Home”等多款优秀的 VR 游戏内容，多次获得 Google Play 商店、三星 Gear VR Oculus 商店榜首推荐。谷歌官方 VR 行业报告根据用户量，用户好评和活跃度评选的 Top 5 VR 游戏和应用，Archiact 自研游戏“Lamper VR: Firefly Rescue”排名全球前三。

据媒体报道，三七互娱之所以会投资 Archiact，除了看好 Archiact 未来的发展潜力之外——Archiact 将在中国设置代理商，这在 VR 游戏相对稀缺的中国市场将有巨大的吸引力，更多的在于三七互娱对于海外市场的布局。目前，三七互娱旗下 37GAMES 国际平台市场覆盖 70 多个国家，Archiact 将会帮助三七互娱进一步打开海外市场。2015 年 8 月，三七互娱和东方星晖并购基金联合收购了日本知名游戏公司 SNK Playmore Corporation 81.25%的股权，将《拳皇》《侍魂》《合金弹头》等海外知名 IP 收入囊中。如果这些经典游戏也都采用 VR 技术，将有助于 VR 游戏的发展。

国内其他游戏公司布局 VR 游戏市场大多采用的是跟三七互娱类似的策略，像是盛大集团也在 VR 领域前后进行了多笔投资，包括“Everst VR”开发商 Sólfar 工作室，知名 VR 媒体 Upload VR，Icelandic VR 团队都接受了盛大游戏的投资。毕竟对于国内公司而言，现阶段的 VR，不论是硬件、技术还是内容，都是海外更占优势，而直接投资海外知名厂商，能让其更快地切入 VR，稳固自己在这个新领域中的地位。

就像有的业内人士评论的那样，“一直以来，中国游戏产业与世界都存有较大的差距，但随着技术开放和共享性质加强，国内市场的开发不断加大，或许这一次，VR 游戏能够让中国游戏产业跟上世界的步伐”，这个预测是积极的，也是有道理的，随着“内容为王”越来越受到重视，策划与编导的重要性越来越被看重，相对而言技术领先所创造的优势已经被大大缩小。就像是 VR 游戏市场，不仅要技术领先，而且要有内容策划与情节编导的实力，才能够扩大市场份额，真正将 VR 普及起来。

5. VR 游戏存在的问题

VR 游戏市场的火爆让很多公司都投身于其中，但“VR 技术的开发非常烧钱”，在国内游戏市场竞争几乎是“惨烈”的情况下，几乎没有太多的游戏公司愿意将精力投入到 VR 内容与技术研发上来。VR 游戏的稀缺，虽然给游戏厂商带来巨大的市场诱惑，但背后却也难掩尴尬。

首先最大的问题就是，玩家在体验过程中会出现的身体不适，例如眩晕。因为通常虚拟现实游戏中玩家都以第一人称视角移动，因此很可能会产生不同程度的眩晕反应，这与人体适应力和电脑的配置相关，但更主要的原因还是虚拟现实设备本身存在的运动追踪问题。当人在移动头部时，设备需要及时检测到头部的动作并且响应调整显示角度才能带给人真实的临场感觉。目前的设备大多通过运动追踪感应器来实现这一功能，但使用过程中，有时还是会出现画面跟不上头部动作的情况，会给玩家带来明显的眩晕或不适。不过实时追踪的确是虚拟现实中非常难处理的问题，由于技术的限制目前仍无法百分百解决，因此还需要不断地创新和研究以发现更好的解决办法。

另一个主要问题是，作为新兴技术产物的虚拟现实设备，其生态环境并不乐观，如何生存发展成了急需解决的行业性问题。而这些设备本身也仅仅起到了显示输出的作用，要能真正实际运用起来，还是需要多方面的支持和配合。这种支持不仅来自游戏开发商，也来自玩家，只有开发商能够制作出同样与虚拟现实设备匹配的高质量游戏作品，且玩家愿意去尝试，去接受这种全新的游戏新体验，再加上行业政策的支持和从业者的共同努力才能使虚拟现实游戏朝着健康的方向发展。

此外，还有屏幕像素以及图像刷新率等各种技术层面的问题需要解决。虽然看起来问题很多，但有一点需要明确，那就是目前亮相的虚拟现实设备仍都处于开发阶段，即便推出了也只是开发版。因此，我们有理由相信随着技术的发展和行业环境的变革，所有问题都会得到很好的解决，而这些现在看起来格格不入的“怪家伙”未来也将会成为玩家人手必备的游戏利器。

VR 不仅仅是一种技术，更构建出了未来游戏的全新图景。它赋予游戏玩家更身临其境的代入感，使得游戏从平面真正走向立体。一旦这种技术发展成熟，游戏行业将彻底改变，原本处于二维空间的电子游戏就可能会被抛弃，单纯依靠键盘或手柄操作的游戏模式则会永久成为历史，取而代之的是能够调动“五感”的全方位游戏体验，到那时，游戏将为玩家带来仿佛置身“异次元空间”的真实体验。

三、纪录类 VR

1. VR 纪录片及其发展

VR 纪录片是真实地纪录社会生活，客观地反映生活中的真人、真事、真情、真景，着重展现生活原生形态和完整过程，较少虚构和摆拍的新闻性 VR 形态。

VR 纪录片的发展，也是与图像显示技术、数字交互技术等的共同发展息息相关的。特别是随着便携式高科技耳机的使用，以纸板为原材料的、低成本设备的普及，3D 影像得到了全方位的呈现，视觉跟踪技术能够于瞬间应用于 360° 的视野范围，这使得人类大脑对于画面的感知升级到另一个时间与空间，以背景实录为样本，以虚拟现实技术为框架的 VR 纪录片随之产生。

中山大学传播与设计学院和李强工作室合作开设了“VR 报道工作坊”，推出了国内新闻院校首部 VR 纪录片《舞狮》。这部纪录片主要由中山大学传播与设计学院的学生拍摄，时长 3 分 47 秒，取景于佛山市禅城区黄飞鸿纪念馆。院长张志安说，中山大学传播与设计学院在国内新闻院校率先推出 VR 报道工作坊和 VR 纪录片，就是想运用新兴、前沿的传播技术，探索将下一世代的科技手段运用在新闻报道领域的可行性。参与该 VR 纪录片制作的该院本科新闻系学生冯国炳表示，VR 纪录片的拍摄技术与传统摄像对技术的要求区别相当大，传统摄影已经有一套体系完整的视听语言，而 VR 摄影还没有一套系统的语言，还在摸索和尝试当中。360° 全方位、全视角的拍摄有别于原来的多机位、多景别的手法，有时候拍摄可能一个机位一镜到底，中间不插入其他镜头。传统拍摄有摄像师把控镜头的走动、推拉，而 VR 拍摄很难用人工做到，因为移动机位可能会使画面留下“穿帮”镜头。在拍摄舞狮片子的时候画面里也出现了“穿帮”镜头，在舞台上方的镜头底下是摄影师的身体，为了隐藏起来，我们在后期加上一个 Logo 遮住“穿帮”的地方。相信以后的技术可以完美解决这些问题并发展出一套不同的视听语言体系。

有的理论家则认为，虽然大多数人会把 360° 的电影称为 VR 影片，但这不全面。真正的 VR 影片是能感受到交互的，以第一人称视角与电影内容有互动，电影内容会呈现分支结构，观众参与感加强。在镜头语言方面，以一镜到底为主，对表演者和导演的要求很高。现在很多 VR 视频的表演者主要是话剧演员。VR 影片未来会不会与电影产生冲击，这也是电影从业者关注的问题之一。

从世界上第一部 VR 纪录片“Clouds Over Sidra”诞生以来，国内电影人就致力于打造属于自己的 VR 影片，近期，由新华社多家下属机构联合出品的 VR 纪录片《制胜！中国海军陆战队》总流量和单片平均点击数均创国内新高。

2. VR 纪录片代表作品

（1）《制胜！中国海军陆战队》——首部点击观看数超千万的 VR 纪录片作品

总时长超过 20 分钟的 VR 纪录片《制胜！中国海军陆战队》，利用 VR 技术表现了海军陆战队训练、演习的丰富场景。借助 VR 技术的优势，用户可以与陆战队员一同“登上”冲锋舟、坦克、登陆舰等装备，有极强的体验感。自 2016 年 7 月 31 日上线，4 天内全系列（一部预告片、三集正片）总点击观看数超过 1000 万，单片平均点击超过 250 万，均创国内新高。该片由新华社瞭望周刊社、新华社新媒体中心、新华社海军支社出品，瞭望数据媒体实验室联合国内优秀制作公司拍摄制作。新华社《财经国家周刊》负责人员表示：“作为下一代互联网平台技术，我们相信 VR 视频的千万级产品迟早会出现，作为新闻媒体机构，我们更希望能持续探索 VR 技术在新闻领域的应用空间。这部片子的传播效果，坚定了我们以 VR 技术做新闻产品的信心。”正因为如此，《制胜！中国海军陆战队》除了在专业 VR 视频 APP 上进行发布，更注重在门户级平台的传播。

（2）《山村幼儿园》——国内首部民用 VR 纪录片

2015 年 9 月 10 日，财新传媒及其合作单位在夏季达沃斯发布了纪录片《山村幼儿园》预告片。整个纪录片时长约为 10 分钟。由此开启了国内首部虚拟现实纪录片的征程。该片是用革命性的虚拟现实技术，配合全新的视听叙事方法，带动观众深入体会优质的内容，并通过国际视角，向各国决策者展现中国全社会为解决留守儿童问题所做出的努力。拍摄对象包括留守儿童及致力于改善农村儿童教育和生活状况的志愿者教师。

合作单位的代表、联合国高级顾问兼电影导演加博·阿罗拉解释，之所以在此片中使用虚拟现实技术，是因为它更容易让人对片中的孩子们产生同情心。他说，“中国正在经历一场前所未有的经济增长，正变得越来越富有。但我认为，人们应该关注那些落在后面的人，那些在挣扎着的人”[1]，并且表示，虽然在物质上这些留守儿童不一定有多么匮乏，但与父母的长期分离造成了他们许多精神上的缺失。“我们希望影片能让人们意识到，虽然我们有了经济增长，但我们在照顾其他人方面依然还有很多事要做。”这就是“山村幼儿园”计划的初衷。

1. 《细数那些震撼心灵的国产 VR 纪录片》，来源于微信公众号“isiwei8”发表的网文。

（3）VR 纪录片《触摸清华》——在泪奔中圆梦清华

2016 年 6 月，清华大学新闻与传播学院 Dreammedia 未来媒体团队打造了 VR 纪录片《触摸清华》。该片能告诉观众清华为什么令人心向往之，后悔自己为什么当年没有再努力一点考上这所学校。VR 技术的到来，使得媒介的“融合”有了新层面的内容，即开始走向虚拟与现实的融合。正是基于这样的判断，Dreammedia 团队决定尝试这项技术在应用方面的可能性。另外，关于清华大学的传统影像已经足够多了，Dreammedia 尝试利用这种新技术把清华大学呈现出来，能够让观众“伸手触摸清华”。

Dreammedia 团队的优势，首先是对于探索前沿技术的热情、拥有各类技能成员的加入，他们互补短板，发挥各自所长，使得影片能够如期完成。同时，对 VR 长期的关注，使他们在拍摄制作之前具备了较多的理论储备。此外，通过这次 VR 影片的制作和发布，让他们增加了很多围绕 VR 制作的各类资源的积累。据极智网的调研，该团队将会同清华新闻与传播学院建立 Dreammedia 未来媒体工作室，专注于 VR、AR 等前沿技术在新闻片、纪录片等纪实性、社会性的探索。

（4）VR 纪录片《盲界》——彰显浓郁的人文关怀

在 2016 年的北京电影节上，一部 VR 纪录片受到了广泛的关注，片名叫《盲界》，由互动视界全景视觉与著名导演祁少华团队合作，讲述了西藏地区视力障碍儿童的故事。VR 技术让观众亲身体验盲童们生活的世界，给观众带来巨大的情感冲击。

由于采用了 VR 的拍摄手法，《盲界》在拍摄过程中也出现了许多的困难。由于题材的局限性，可以拍的内容、素材有限，所以这部片子也做了一些巧妙的设计。采用 VR 的方式拍摄，每一个盲童站在镜头的面前，戴上 VR 眼镜，在 VR 世界看这个影片，身临其境地让我们感受到盲童的梦想以及处境。在《盲界》这部纪录片中，采用 CG 动画来呈现盲童们的感情变化、语言的障碍、表达能力很有限，荒原这样的场景，在 VR 的世界里把盲童的孤独呈现出来。这也是与传统纪录片相异的地方，通过视觉的方式呈现盲童的最直接的感受。导演祁少华表示：“VR 可以有更多的人文关怀。”

（5）VR 纪录片《雄鹰少年队》——“正能量”满满的国防教育纪录片

2016 年暑假，腾讯儿童、腾讯视频形成战略合作，金鹰纪实卫视携手 MOOMTV 联合出品的中国首档青少年国防教育 VR 纪录片《雄鹰少年队》正式开拍。首期节目以“待飞的雄鹰”为主题，有 64 位来自不同城市的孩子组建各自的雄鹰少年队，在 21 天内，通过层层素质考核，从中选取出最优的“雄鹰少年”。据悉，该节目全新的视觉享受，会让观众身临其境体验一把充满青春活力的军营生活。近年来，随着国内的《极限挑战》《奔跑吧兄弟》《我们来了》等户外真人秀节目的热播，真人秀节目的时间和空间概念得到了充分的延伸。与该类型节目相比，《雄鹰少年队》可谓是另辟蹊径，由环球数码《聪明的顺溜》动画连续剧改编的青少年国防教育 VR 纪录片，将动画投映到真实生活中，拍摄难度更大，内容更多变，参与的学员更要随机应变。

《雄鹰少年队》从选手的报名、出征、集训到饮食起居的拍摄和播出，都有 VR 技术帮助，让观众无死角见证少年的成长蜕变，感受 VR 带来的视觉冲击，从而获得身临其境的体验。金鹰纪实卫视、湖南卫视播出，将节目受众覆盖至全国，并在芒果 TV、优酷、土豆以及腾讯视频联合播出。结合 VR、UGC、票选、直播、游戏，五大网台互动的《雄鹰少年队》将“网生代”的兴趣点一网打尽，提高了用户的参与度，在收视上表现良好。

（6）《最美中国》——纪录片中的故事讲述

《最美中国》被称为“中国首部 VR 航拍纪录片”，把航拍无人机与 VR 技术相结合，创造了 VR 策划与编导的新境界。此片由优酷、大疆传媒、奥创天地联合出品，制片人是阿里巴巴文化娱乐集团大优酷事业群副总裁葛威，总导演是大疆传媒 CEO 乔岩。跟以往的纪录片不大一样，《最美中国》尝试了两个花样：第一，首次采用了国内最为先进的 VR 航拍技术；第二，打破了人们对长纪录片的刻板印象，把每集时长压缩到 5～8 分钟，捕捉和记录中国的最美景致，给人们带来熟悉又陌生的审美感受。

300 多页的策划书，显示了前期策划工作的精细和团队执行力的强大；大疆在中国民用无人机市场占据了颇高的市场份额。除了拥有先进的无人机设备和技术外，大疆无人机也曾应用在电影、热门综艺（如《爸爸去哪儿》）等节目的拍摄制作中，葛威说：“我相信能把电影拍好的人、对自己的要求是很高的，制作经验也是很丰富的。”葛威还分享了一个更重要的因素，在项目还没开启的时候，这个团队每次开会都能给出更新、更全面的东西，让人感觉到团队的执行力及其重要性。

也就是说，充分的前期准备，详尽的项目策划书，为这部航拍 VR 纪录片奠定了良好的基础。故事化的叙事贯穿始终，增强了纪录片的吸引力和传播力。“对黄崇贵来说，他依然喜欢在煤油灯下，与鱼鹰相伴，延续属于他自己的漓江渔火。”这是此片第六集中，桂林阳朔一位 73 岁渔民坚守“渔火”的传统故事，伴随着壮美的景色、和谐的画面和醇美的画外音。

最开始，乔岩的初衷是独立生产优质内容。为此他们做了 130 多个选题，方案足有 300 多页，“每个拍摄角度和镜头都采用手绘，手绘画不过来就要找图片。”一个方案至少需要开三次选题会。“第一遍是我们主编要通过选题，其次制片人要开内部讨论会，最后一遍我们每个人都要当着团队所有人的面把故事讲出来。”乔岩的逻辑：你对中国的理解有多深，作品的深刻程度就有多深。你自己想清楚了，观众才不会糊涂。幸运的是，确定大方向后大疆与优酷意愿相合。葛威补充道：“我们的大方向是非常一致的，都是想做一件对中国的年轻人有影响力的事。并且优酷作为一个视频分享平台，肯定要有使命讲中国文化、匠人精神的。”

据介绍，项目开启时，整个团队以 24 节气为线索，提前策划好在什么时间节点、去哪个地方拍什么主题，题材涵盖了自然地理、传统习俗以及热门时事。具体包括西双版纳傣历新年、镇远端午龙舟、澳门水舞天地等主题，一方水土养一方人，每个篇章都是中国最美的一个切片。

难能可贵的是，《最美中国》拍摄过程中必须操作两次，为的是最终以传统二维航拍、VR 全景航拍两个版本分别呈现。比如葛威就曾表示，自己最爱的 2D 版是漓江，最喜欢的 VR 版则是云端飞行。“你看那个 VR 的时候，你跟着他一起从高空飞下，然后穿过悬崖落到地面，你的失重感、你的心是完全跟着他走的，这感觉特刺激。”

观众获得的良好体验，是在优酷和大疆制作团队的共同努力下实现的。一方面，大疆公司为了这个项目专门研发了一款飞行气象的云台来保证拍摄不摇晃。另一方面，“VR 就是 360°，拍 VR 的时候所有人都要藏起来。拍二维是可以打光的，那拍 VR 的时候怎么打光，我的灯藏在什么样的地方？”虽然遇到重重困难，但优酷与大疆团队一一解决，并形成了自己的一套独有的方法论和技巧。正如乔岩所说，“最终能给观众呈现一个不浪费观众 8 分钟生命的片子，我觉得这才是这个片子真正最有价值的地方。”值得一提的是，《最美中国》第一季播出后，已经形成了很好的风格和影响力，这对他们第二季和后续布局产生了巨大的推动作用。首先是受到众多商家的重视，“我们确实已经陆陆续续收到很多企业的邀请。”其次，据说一些国外机构也有意花钱购买这部纪录片的版权，算得上是走出了另外一条生存的路子。其次，他们还有把它打造成系列 IP 的打算。葛威总结道，“最主要的是我们已经在路上了，我们尝试了比 VR 更复杂的“航拍+VR”系列。这在国内目前是没有人在做的，别人是在跟随我们的脚步。现在是《最美中国》，未来可能是《最美乡村》或者《最美全球》，反正想象空间是很大的。”。

美国 VR 技术领先于我国，其 VR 纪录片的情况也比国内先进一些，交互感与沉浸感也更强一些。盖博·阿罗拉（Gabo Arora）和克里斯·米尔克（Chris Milk）拍摄的虚拟现实纪录片《恩典潮涌》（Waves of Grace）里有这么一幕，你发现自己站在利比里亚的一个墓坑旁，身穿隔离防护服的志愿者将又一名埃博拉病毒受害者的遗体放入墓坑中。身处 VR 之中，你会感觉自己一不小心就可能掉进坑里；回头看到周围许许多多的新坟，利比里亚饱经疾病肆虐的惨痛现实带给你的触动比任何新闻报道都要强烈。“VR 让你真正成为现场见证者”，Vrse.works 创始人帕特里克·麦林·史密斯（Patrick Milling Smith）称，这家位于洛杉矶的制作公司与联合国合作拍摄了这部影片，“你会有一种被传送到现场的感觉。影片中的人看着你的眼睛时，你会产生一种只有在虚拟现实中才能体会到的心灵感应。”只有《恩典潮涌》这样的创意故事而不是迷惑人的营销噱头，才能赋予 VR 以旺盛的生命力。“这一媒介正在飞速发展”，Vrse.works 团队的麦林·史密斯认为，“只要你看到人们体验 VR 后的反应，就可知道 VR 将会产生深远的影响。”

Atlantic Productions 公司拍摄的《生命之初》（First Life）是第一部 VR 自然纪录片，将用户带回到 5 亿年前的海底世界，由伦敦自然历史博物馆制作，旁白全部由大卫·爱登堡（David Attenborough）完成。位于伦敦的 Unit9 公司为雷克萨斯和时代啤酒（Stella Artois）等品牌拍摄了 VR 短片。“我们已经建立了这种新叙事方式的语言和规约，”35 岁的创意总监亨利·考林（Henry Cowling）说道，“现在，我们制作的每一个项目都在探索新的领域，或是技术上，或是创意上的”，而这一点，恰恰是 VR 产品飞速发展的保证。

在《生命之初》中，阿滕伯勒带领我们进入 5 亿年前的海底世界。“与古老的生物（如欧巴宾海蝎）面对面，这是一种美妙的体验。”阿滕伯勒在接受英国媒体采访时说。欧巴宾海蝎是寒武纪时代的生物，有五只眼睛和一个长长的嘴巴。“在其他任何一种媒质中，我们都不能这样贴近地观看这些生物，这与电视纪录片非常不同。电影人的艺术是用影像来讲故事，但在这里，你是让观众自己探索。”阿滕伯勒指出，“VR 是一种美妙的体验，它的创造和叙事都是没有限制的，我们正在为许多新的纪录片而工作”。

在观看《生命之初》时，最开始时会感觉像悬浮在一个深井中，在深井的墙壁上刻着表示历史时间的标记。往下看感觉自己好像进入了一个无底洞，越深入到达的地方便越久远。片中的解说很短，大部分场景是海底潜行，绕过一座座岩石和一些古生物，令人吃惊。环顾四周时，会得到一种令人印象深刻的沉浸式体验。

当然，这些生物有时会突然向你靠近并擦肩而过，或者猛冲过来，给人的感觉这并不是要吓唬人，而只是让人意识到就处在它们中间。当戴上头盔后，顿时发现自己正悬浮在一个倾斜的洞穴上方的黑暗中。洞穴的侧面有一些线条，每一条线代表地球发展的不同时期，比如 8 亿年前、7 亿年前等。然后，观影者慢慢深入洞穴。这是一种可怕的体验，即使对有很多 VR 体验的人来说也是如此。尽管观影者在虚拟世界中只是一双悬浮的眼睛，仍然会感到害怕。到达洞穴的底部时，也就来到了最远古的时代，屏幕逐渐变为黑色，这时观影者会发现自己周围是一些最原始的单细胞动物，它们在周围漂浮着。在看过最原始的单细胞动物之后，用户（一双浮动的眼睛）开始在海底移动，去探访另外一些远古生物。它们会非常靠近观影者，以至于它们好像要直接穿过你的身体。而且，你的身体好像在与海底刮擦，这已经不仅仅是一种沉浸式体验，更是一种身临其境的感觉。

如此逼真的体验也会有瑕疵。对于以海洋古生物为题材的 VR 纪录片而言，制作方应该采用更容易理解的设计，比如让观影者在 VR 中进入一艘潜艇内，让用户进行某种古怪的“时间旅行体验”，不要一开始就让观众悬浮在一个黑暗的洞穴上，然后让他们掉下去，这样会让他们感觉自己像一个布娃娃一样被拽来拽去。

四、专题类 VR

VR 专题片指运用现在时或过去时的 VR 纪实手法，对社会生活的某一领域或某一方面给予集中、深入的报道，内容较为专一，形式多样，允许采用多种艺术手段表现社会生活，允许创作者直接阐明观点的纪实性 VR 节目，既要有新闻的真实性，又要有艺术的美感。

比较而言，VR 专题片与 VR 纪录片同中有异。

（一）VR 专题片与 VR 纪录片的异同

1. VR 专题片与 VR 纪录片的相同之处

VR 专题片与 VR 纪录片在表现现实生活和现实生活中的人和物及其相互关系上，最大的共同特点是真实性，这是它们的根本属性。

从基本概念说，专题片与纪录片都侧重于以现实生活中的真人、真事、真情、真景作为拍摄对象和表现内容，具有较强的现实性和时代感，是及时、迅速反映社会生活的艺术形式。

从艺术特点说，二者都以“真实性”作为创作的生命，都强调反映生活的真实，排斥虚构和扮演。作为纪实性的作品，如果失去了真实性，就会失信于社会，失信于民众，那就从根本上失去了存在的价值和意义。

从策划编导的方法说，二者都需要运用纪实手法，创作者在提炼生活素材的过程中，需尽量保留其自然形态，不能做过多的变形处理，而要遵循纪实性的方法和原则进行创作。

2. VR 专题片与 VR 纪录片的不同之处

VR 专题片与 VR 纪录片的不同之处可从以下六个方面进行理解，最大的不同在于策划与编导的主观元素在其中的运用及所占比例的多少。

第一是反映生活的方式不同。VR 纪录片，是社会生活的“客观”的“再现”，主要是“再现生活的具体情境，较多地采用长镜头或同期声展现生活的真实，不允许创作者主观意识的直接表露，主体意识要尽量隐蔽，让事实本身说话”，是一种“以事信人”的 VR 节目形态。而 VR 专题片反映社会生活时具有较强主体意识的渗透，直接表现创造者对生活的看法和主张，允许采用“表现”的手段，艺术地再现社会生活。可见，比起 VR 纪录片，VR 专题片多是一种“以情感人”或“以理服人”的 VR 节目形态。

第二是表现生活的手段不同。VR 纪录片具有某种“新闻”的性质，所以纪实手法较为单一，主要以客观镜头进行纪录，它的艺术性主要体现在挖掘声、光、色、画面、剪辑、音响的内部艺术潜力。VR 专题片由于“主观表现”的需要，允许较多地运用象征、隐喻、联想、对比、渲染等艺术手法表现社会生活，根据特殊的创作需求，甚至允许在一定程度上的扮演、补拍、追述和摆拍。可以说，如果 VR 纪录片具有较强的“纪实属性”和“新闻属性”，那么，VR 专题片则具有较强的“艺术属性”。

第三是时空处理技巧不同。VR 纪录片在时空的处理上一般是“现在进行时”或“一般将来时”，要么记录“正在发生的生活”，要么预测未知最终去向的未来生活。而 VR 专题片在时空的处理上比较自由，既可以表现现在时，也可以表现过去时，还可以表现将来时。比较而言，如果说 VR 纪录片主要是“跟拍”，即跟随正在发生中的事件进行拍摄和表现，那么，VR 专题片可以不像纪录片那样只是记录生活，凡是对表达主题、做好专题、展现思想有用的时空技巧都可以运用。

第四是镜头运用不同。VR 纪录片主要是“现在进行时”，运用的主要是现在时态的镜头，比如跟拍、抓拍、偷拍、隐拍等，用以表现被拍摄对象的现时状态。而 VR 专题片不仅可以运用跟拍、抓拍、偷拍、隐拍等表现现在进行时的镜头，也可以运用表现过去时的镜头，诸如追述镜头、摆拍镜头、补拍镜头，甚至“扮演”镜头、幻觉镜头、梦境镜头、意识流的镜头等，都可以运用。

第五是结构形态不同。VR 纪录片由于客观纪实性的需要，在结构上一般是以时间变化为依据的“纵向结构”，而 VR 专题片则既有以时间变化为依据的“纵向结构”，又有以“空间”变化为依据的“横向结构”。前者记录生活的流程，多以时间为序；后者以思想阐释为主，是依据思想的需求而选材，材料与材料之间可以是断续、不连贯的材料组合，采用的既能是以时间为序的“纵向结构”，又能是以空间变化为序的“横向结构”。

第六是思维方式不同。VR 纪录片的基本思维方式是展现生活，其中也有思想性，但思想性是渗透在对生活的展现之中。而 VR 专题片的基本思维方式是揭示思想，其中也会有客观的生活内容，但客观的生活内容是由主观的思想指挥的。因为无论在 VR 中还是在普通影视中，一切生活画面都是为传达某种思想服务的，VR 纪录片和 VR 专题片策划与编导的以上不同点，在思维方式上得到了集中体现，下面结合具体的 VR 纪录片进行说明。

（二）VR 专题片代表作品

1. 《复活节起义：抗议者之声》

据 VR 次元的成员金鹿整理报道，英国著名专题片导演奥斯卡·拉比（Oscar Raby）运用 VR 技术，拍摄了以 1916 年爱尔兰复活节起义为题材的专题片《复活节起义：抗议者之声》（Easter Rising: Voice of a Rebel）[1]，12 分钟的片子，被视为开创了 VR 专题片的未来。美国 UploadVR 公司记者杰米·费尔瑟姆（Jamie Feltham）近日观看了这部 VR 专题片，认为其具有重要意义。

1. 金鹿：《它可能是目前最逼真的 VR 历史纪录片 我们离“战争”是如此近》，腾讯科技，2016 年 9 月 12 日。

“这是 1916 年，我正站在爱尔兰都柏林战火肆虐的街头。厚重的云层紧紧压在灰色的天空之上，那是战火引发的浓烟所致。激烈的枪声和爆炸声让人震耳欲聋，民兵部队正在附近的墙后寻找掩体。站在我旁边的是威廉·迈克尼弗（William McNieve），他是在这场历史性大战中幸存下来的年轻战士，他曾誓死为民族独立而战。实际上，我并非真的参加过这场战斗，而是正处于令人痴迷的 VR 场景中。”

上述文字是 VR 纪录片《复活节起义：抗议者之声》中的一段画外音，以用户“我”直接进入剧情并与剧中角色互动的方式进行叙事，引人入胜。此片由英国广播公司 BBC 与 Crossover Labs 联合创作，并由英国 VR 视频工作室 VRTOV 的奥斯卡·拉比（Oscar Raby）担任导演，通过录音带，以嵌入式叙事的方式讲述了当年这场战斗的真实场景。跟随着他的字面描述，使人好像亲身体验到 4 月 24 日开始持续 6 天的惨烈大战。最重要的是，这种叙事方式产生的影响不会被很快遗忘，而是以栩栩如生的画面、逼真生动的时空表现了那些激动人心的时刻，令人难以忘记。如果想要在 VR 领域证明专题片的价值，《复活节起义：抗议者之声》将是最好的例证。

杰米记者指出，拉比拥有丰富的 VR 经验，2014 年曾凭借“Assent”获得当年的谢菲尔德纪录片电影节大奖。他正积极推动将科技打造成讲故事的工具，并称曾与拉比进行了交谈，详细了解了《复活节起义：抗议者之声》的有关情况：首先，在这部专题片里，没有“摄像机”的概念，拉比和他的团队对使用传统概念定义 VR 新媒体叙事感到不解。他说：“这涉及电影制作的根本。在 VR 专题片中，摄像头可能是其他的东西，比如用户的眼睛。”拉比导演的这一观点可谓是摧枯拉朽式的。实际情况确实是这样，当用户通过 VR 技术把自己投射到《复活节起义：抗议者之声》的场景中并在都柏林街头游荡时，才能真正理解拉比导演的意思。在他看来，肮脏的人行道和各类建筑不能再被称作“场景”，因为此时作为用户的“我”置身其中，不仅不受导演的控制，而且还能够控制故事的视角和焦点。

拉比导演说：“我们希望能与用户互动，他们不仅可以盯着自己周围四处看看，而且要通过行为真正理解故事的本质。”他想要观众能够“拥有”自己的体验，而不是被动地跟随摄像机的叙事。事实上，“推理”是 VR 专题片制作过程中很重要的因素，拉比对故事重新进行了编译，将 VR 专题片的创作过程与艺术家创作相同主题的油画作对比，他说：“艺术家用画笔在画布上创作，这就像是一种解释，但它不是对整个事件的真实描述。而我们则是对事件本身进行重构，要让 VR 自己讲述事实”。拉比解释称，在专题片中，观众与画面之间的距离设置得非常巧妙，这需要有个“甜蜜点”，一般在距离观众 1 到 4 米开外。拉比说：“这就是面孔在 VR 里闪亮的部分。你能看到人物的眼睛、面容甚至纹理。即使他们不是真实的人，但你依然会觉得他们就站在身边。”不难看出，在 VR 导演队伍中，拉比是少数几个既善于运用技术，又善于理论思考的优秀导演之一。如此的孜孜以求，果然取得了令人满意的效果。

据杰米记者描述他在 VR 专题片《复活节起义：抗议者之声》中的感觉，“我可以与人进行眼神交流，创造出深深烙在大脑中的场景。我转过身来，可以看到这群士兵的脸。当爆炸激起炫目的白光时，我的眼睛会睁大。这些事情真实地发生在我的身上，我记得他们，就像记得现实中真切发生过的事情那样。这就是利用 VR 重构这些历史事件的力量……

这让事件更加人性化，而不再局限于课本中的叙事。即使现在，我对《复活节起义：抗议者之声》记忆最深刻的地方还是里面充满寒意：士兵眼睁睁地看着希望越来越渺茫，坚定的目光慢慢冻结。这使得临近结局的几分钟，让人觉得倍加痛苦。”如果不是身临其境，如果不是置身其中，如此真切的体验是几乎不可能的。

当然，随着 VR 技术的蓬勃发展，或许会有比《复活节起义：抗议者之声》更优秀的 VR 专题片出现，但无论 VR 技术发展到什么程度，“这部 VR 专题片值得永远铭记，它对 VR 专题片和 VR 教育的未来有着非凡的意义”。展望未来，拉比希望 VR 专题片能够继续发展壮大，“《复活节起义》可触及历史的优势不禁让我们想看到更多的 VR 专题片，比如两次世界大战、肯尼迪总统遇刺等历史事件”。他非常期待观赏长达 90 分钟的 VR 专题片，如果长时间戴着 VR 头盔可能让人感觉不适，可以分集处理，他指出。

2. 其他代表性作品

英国 BBC 也制作了表现战争的 VR 专题片，并在 Oculus Rift 及 Gear VR 上发布名为《复活：一个反叛者的声音》（Easter Rising: Voice Of A Rebel）。在媒体宣传中，BBC 把这部 VR 作品称为“艺术之旅”，定位是“BBC 首部 VR 纪录片”[1]。实际上看过此片才知道，无论片子的内容还是策划与编导的特点，都应该归类为 VR 专题片。纪录片与专题片的相似之处在于客观地讲故事，区别在于专题片中会有一些主观元素参与到客观叙事之中，《复活：一个反叛者的声音》正是这样一部 VR 影片。

此片由 BBC iWonder 打造，并在伦敦制作公司 Crossover Labs 以及 VRTOV’s Oscar Raby 的帮助下完成，是为纪念 1916 年爱尔兰在复活节对战英国军队的历史性起义一百周年而做的，当时的四月复活节起义持续了五天，造成 466 人死亡。影片通过一个 19 岁少年 Willie McNieve 的视角进行讲述，用户的影像则被传送到都柏林的街头，并随着 Willie McNieve 的脚步重温这次历史事件。McNieve 站在反对英国的阵营中，对历史问题的看法尤其是对战争的态度引人深思，他的经历被人们记录下来并在多年之后一次又一次地重新被解读，被体验。

五、广告类 VR

（一）VR 商业广告

VR 在广告领域的应用与发展，是技术与艺术结合并为经济服务的重要表现，也是推动 VR 发展的重要动力之一。

传统广告，无论是印在报纸上的、插播在电视里的、贴在电影片头的，还是植入影视剧情中的都只是单向地向受众传达信息，无论是哪个方式，无论内容制作得有多么精良，都只是让受众通过听觉和视觉接收产品的讯息，这种营销方式已经渐渐地不被消费者喜欢。广告营销的发展使内容从文字、图片、视频再到各种媒介融合制作的超文本，如今，致力

1. 《BBC 首部 VR 纪录片将在 Rift 及 Gear VR 上发布》，搜狐网，2016 年 3 月 2 日。

于追求完美广告营销效果的 VR 广告人也在寻找一种能够提供良好互动效果的方式进行推广。近年，不仅可口可乐、星巴克、迪士尼、奔驰等国际商业纷纷借助于 VR 广告进行商品宣传，而且名不见经传的小商家也在通过 VR 广告提升销售额。对于有实力、有远见的商家而言，VR 在为其提供新的广告手段的同时，也可用于构建新的广告平台和体验时空，京东公司的“天工”AR 开放平台就是一例，此平台一方面可以为用户提供各种商品的 3D 交互模型，可以试用、试穿、试戴，另一方面还举办消费应用创新大赛，让电商服务更加人性化、智能化。

VR 广告的出现，不但向用户提供了全新的感官体验，而且保证了用户实现人机交互的需要，至少从以下几个方面增强了用户的体验感和广告的传播效果。

1. 新的体验方式

VR 广告向用户提供了全新的体验方式，打破了传统广告单向传播的限制，通过创意和技术的结合，能在短时间内吸引用户的全部注意力，让他们全身心地投入 VR 广告之中，参与内容互动，构筑起品牌的场景，获得情感上的共鸣，强化其对品牌的认知和认同。如今，大到跨国公司的营销推广，小到小商店里的咖啡销售，都在运用 VR 技术。国产电影《有一个地方只有我们知道》就曾有 VR 预告片在影院发布过，用户戴上眼镜即可进入那个只有片中男女主角才知道的地方，感受其美景和真情，从而吸引用户观看。

国内外众多数据表明，不仅无数科技先进的 VR 公司都迫不及待地参与到广告行业中来，而且普通的行业企业也都纷纷利用 VR 技术进行产品宣传了。前述的 Buy+就是一例。不仅如此，即使是很普通、很便宜的国产食品或儿童玩具，也在包装上印有二维码，用户只需扫码即可下载安装 APP 并借助 VR 或 AR 技术了解产品广告，体验神奇。

正因为 VR、AR 等技术为用户了解产品提升了新鲜而独特的体验方式，从而展示出很好的市场潜力，不但吸引了众多商家洽谈广告合作业务，同时也有越来越多的 VR、AR 等技术公司成立专门的广告部门。比如泰国 VR 技术开发者 Brad Phaisan 创立的硅谷创业公司，正积极地向全球推广他们的移动 VR 广告业务解决方案。仅 2015 年一年间，与 VR 技术相关的专利申请就已经达到了 841 件，年内全球虚拟现实设备出货量预计将超过 900 万台，到 2020 年，将达到 6480 万台。

2. 实时交互性

实时交互是 VR 技术的优势，也是 VR 广告能提供给用户的最有吸引力的体验感觉。比如以“多产”而闻名的沉浸式内容制造商 Visualise 为奥迪车打造的 VR 广告，就是一款成功的商业广告案例，在“Goodwood 速度节”上，借用 VR 技术升级，使用户观众的体验仿佛置身于奥迪勒芒车手 Oliver Jarvis（奥利弗・贾维斯）的副驾上，全程参与赛道上的竞速，感受全新的沉浸式赛车体验。这种交互性，需要品质优良的高科技 VR 设备做硬件支持，才能营造出真切的身临其境的感觉，实现了实时交互。

据知乎网资料显示，目前已有 75%的世界品牌有涉及虚拟现实项目。Dior 推出了 VR 设备 Dior Eyes，直击最新服装秀。沃尔沃宣布与微软合作，允许消费者利用微软 Hololens 全息眼镜配置车辆，还推出了虚拟展示厅，允许消费者观看虚拟汽车，查看内部构造。奥利奥公司为了推广新出的纸杯蛋糕口味限量版奥利奥饼干，发布了 360° 全景体验广告，带消费者体验新品的制作过程。麦当劳继“薯条味”VR 眼镜之后，再次尝试用虚拟现实技术制作广告，用户只要戴上 VR 眼镜，就可以观看麦当劳公司如何利用食品原材料进行生产的过程，而且还能跟着农夫一起种植麦当劳套餐的土豆等原料，这种互动感，使用户感到新鲜和刺激。

3. 主动选择权

VR 广告让用户有主动选择的权利，并因此产生兴趣去参与。而传统广告则往往是通过文字、图片、视频等形式对产品内容进行解释描述并让用户被动接受，少则产生的效果不足，多则导致观众厌烦。何况一些比较复杂的产品，即便是制作成视频广告也可能无法完全展示产品的魅力，并因此导致消费者失去耐心。

VR 广告帮用户以主动选择的方式，在短时间内充分了解产品的功能，比起被动“看广告”或“听广告”的效果都要好得多，不仅不会让用户反感，还会使用户印象更加深刻。最主要的是，当消费者作为个体进入广告时，每个人看到、感受到的内容都是不一样的，必须取决于消费者个人的选择。VR 技术在广告中的运用，打破了传统媒介本身缺少互动性、参与感不强导致用户兴趣不大等缺陷，减少了隔阂效应，通过让用户动手、体验、参与等方式强化商业广告的链接作用和说服力量，对品牌推广和产品营销是非常有益的。比如，运动服装品牌北面（The North Face）与 VR 内容合作商 Jaunt Studios 推出了“The North Face: Climb”等 VR 体验内容，让户外运动爱好者随时穿越到犹他州 Moab 沙漠或者尼泊尔雪山之巅。

尽管 VR 广告有庞大的市场潜力，但是想要将其做好、做强，还有很长的路要走。VR 这种新技术形式的出现，解开了捆绑广告创意的最大枷锁，人们的思维将不再被原本的感官设定所局限，将其交互性体验与产品的营销推广结合起来，在消费者心中构筑品牌形象，把消费者的好奇心转化成购买力，如何让消费者无论是对品牌、产品还是VR技术，都保持较长时间的兴趣而不是仅仅保持着三分钟热度，也是VR广告营销的关键，品牌必须拿出让观众保持兴趣的绝佳创意。正如行业人士预言的那样，VR 提供了一个全新的展示平台，虽然当下VR技术还有待增强，但VR广告的崛起已是定局。

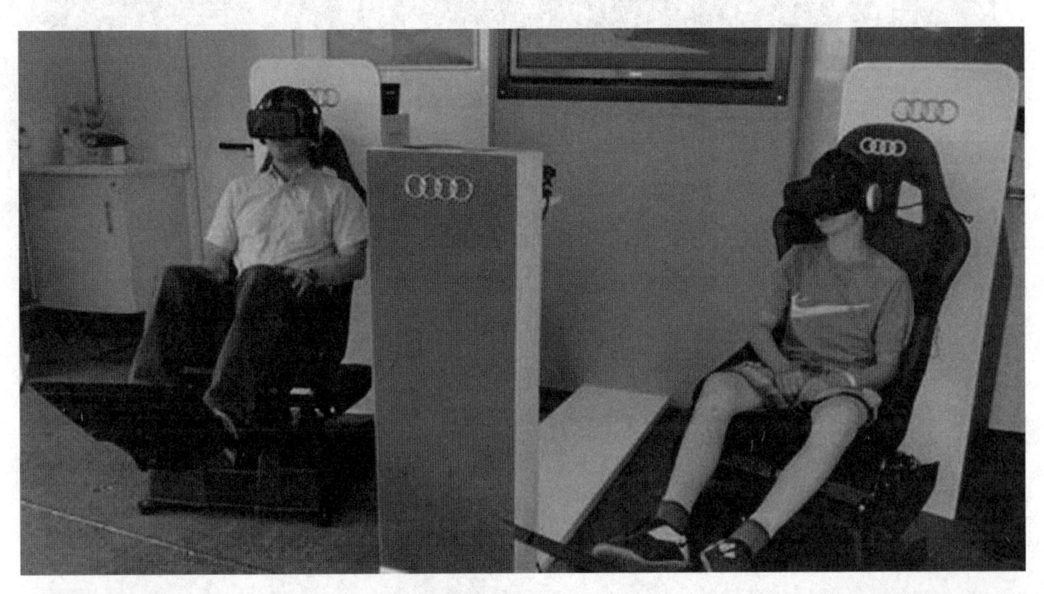

4. VR广告体验效果的传播

据网媒报道，日本某饮料商为宣传新品“拿铁”饮料，做了一个线下VR体验活动，当体验者戴上VR眼镜，通过体验店内的吊桥后便能从微波炉中拿到免费饮料，吊桥是悬空的，人走上去会产生晃动，空调和大功率风扇提供了吹拂感和自然的风声，给体验者的感受非常真实——像是经历了一场艰难的雪山行走，克服重重困难，走过摇晃的吊桥，忍受狂风暴雪后，还要躲避山崖上掉落的石块，最后终于到达了目的地，而在那里等着的，是一杯暖暖的新品“拿铁”，如此这般，促使用户对“拿铁”产生了兴趣。

不仅如此，厂商还巧妙地把体验的真实感受进行放大和传播，使更多的人看到并产生体验的冲动，那就是把体验者穿过吊桥的视频在屋外的大屏幕上播放出来。因此，体验者在屋里做了什么，看到了什么，外面围观的群众都能通过两块大屏幕一目了然，在初步理解什么叫 VR 体验的同时，对产品产生极大的好奇心和体验欲望，并在克服困难获得奖励后品尝一杯热“拿铁”，令人难以忘怀。这既是广告的魅力，也是 VR 技术的魅力，更是 VR 体验效果经过放大和传播产生的魅力。

（二）VR 公益广告

1. 公益广告

公益广告是指不以营利为目的而为社会提供宣传服务的广告，具有社会的效益性、主题的现实性和表现的号召性等特点。据资料记载，最早的公益广告出现在 20 世纪 40 年代初的美国，又称公共服务广告、公德广告。我国大规模的公益性广告出现较晚，最早通过电视媒体播出公益广告的电视台是 1986 年贵阳电视台摄制的《节约用水》。1987 年 10 月 26 日，中央电视台开播《广而告之》栏目，为公益广告开辟了专门的平台。从此，公益广告不必像商业广告那样一字千金，并以极强的亲和力倡导健康的社会风尚。

公益广告一般由政府机构或企业发起，包括广告公司在内的企业单位也可能参与或部分参与公益广告的策划、编导与制作。从主题方面说，公益广告具有社会性，其主题内容存在深厚的社会基础，一般取材于老百姓日常生活中的酸甜苦辣和喜怒哀乐，运用创意独特、内涵深刻、艺术手法新颖的广告手段，并以鲜明的立场及健康的方法来号召社会公众。

从诉求对象说，公益广告拥有广泛的群众基础，它面向全体社会公众进行传播，影响很大，无论孝顺、和谐，还是戒烟、戒酒，都有众多的潜在受众。从内容上看，大多数的公益广告都取材于观众的日常生活，提倡什么，反对什么，观众一看即懂，深入人心，容易引起大家的共鸣。企业做公益广告，是一种无私奉献。同时，也在奉献的过程中有所收获，那就是提高了企业的形象，展示了企业的理念，得到社会的认可。

2. VR 公益广告

VR 公益广告是用 VR 设备和 VR 技术策划、编导与制作的公益广告，其特点是允许用户沉浸于公益广告的特定时空之中，并因 VR 的交互性而产生身临其境的感觉。随着 VR 技术的发展，也越来越多地用到了公益广告的制作，有的直接用 VR 进行呈现，比传统的公益广告取得了更好的传播效果，正在受到人们越来越多的重视。VR 公益广告案例如下：

（1）The Protectors: Walk in the Rangers Shoes

据 VR 日报报道，《国家地理》推出了一部全新的 VR 公益广告“The Protectors: Walk in the Rangers Shoes”[1]，原因是刚果民主共和国加兰巴国家公园的大象由于遭到偷猎，数量正在不断减少，制作此片是为了帮助人们提高保护大象的意识并募集筹款。《国家地理》的数字产品副总监瑞秋·韦伯（Rachel Webber）说：“129 年来，《国家地理》一直在保护我们的地球，并且通过文字、图片、视频，以及现在的 VR 来启发大家做同样的事情。‘The Protectors: Walk in the Rangers Shoes’将会把观众传送至象牙冲突的核心，见证毁灭与保护之间的斗争。”对此，美国最佳影片策划人、最佳导演凯瑟琳·毕格罗评论道：“作为濒危野生动植物和灭绝之间的最后一道防线，世界上的护园者是真正的无名英雄。在《国家地理》和非洲国家公园的帮助下，‘The Protectors: Walk in the Rangers Shoes’为我们提供了一个机会，让我们去了解刚果民主共和国加兰巴国家公园中勇敢的护园者。这里的象牙偷猎十分猖獗，而他们的工作充满危险。如果没有他们，大象绝对会完全灭绝。他们每天都冒着生命危险来保护我们星球上的野生动物。但是，这一切不能只靠他们，大象和护园者都需要你的帮助。”[2]

（2）俄罗斯反家暴公益广告《这并不是家务事》

《这并不是家务事》于 2016 年 5 月 13 日登录爱奇艺网站[3]，在短时间内获不少评论，被网友称为“目前为止最有创意的 VR 影片，来自俄罗斯公益广告”“目前为止最有创意的 VR 影片”。此片是一个 360° 的 VR 视频，可以左右上下任意拖拽，并在拖拽时看到不同的文字和画面，一开始会被广告中“在俄罗斯，每 40 分钟就有一个女士死于家庭暴力”的字幕吸引，当看到男主人的时候，女主人转过头来，广告语是“如果你发现了家暴苗头，你可以寻求帮忙的”，播放完毕后发现这位女主人的脸伤痕累累。最后广告语是“没人想看到不幸的事件发生。在俄罗斯，每 40 分钟就有一个女士死于家庭暴力。请不要看另一边”。

1.《保护大象，〈国家地理〉用 VR 影片提高环保意识》，映维网，2017 年 4 月 21 日。

2. “The Protectors: Walk in the Rangers Shoes”的导演是奥斯卡最佳导演奖得主凯瑟琳·毕格罗。

3.《俄罗斯反家暴公益短片<这并不是家务事>》，爱奇艺网，http://www.iqiyi.com/w_19rt1qn18l.html，2016 年 5 月 13 日。

所以这支广告就是告诉大家，只要有家暴事件苗头，马上告诉我们。

（3）哈根达斯公益广告《帮助蜜蜂》

此片在本书前面章节中曾有涉及，在此重点谈其内容。2017 年年初，冰激凌品牌哈根达斯加入 VR 营销阵营，在刚刚结束的圣丹斯电影节品牌故事大会上，哈根达斯推出了一个 VR 广告的预告片《帮助蜜蜂》，为了创造 VR 体验，哈根达斯和数字内容代理商 Reach Agency 合作了这支短片，全长三分多钟。[1]

“帮助蜜蜂”是哈根达斯自 2008 年就推出的一项宣传活动，旨在告诉人们由于气候环境的变化以及人类活动的影响，大量野生蜜蜂消失的现象开始在美国出现，由于美国三分之一的食品供应需要靠蜜蜂传播花粉，包括各类蔬果，从而影响了食品行业，并自称旗下约 60 种口味的冰激凌产品中有四成口味面临停产威胁。8 年多来，哈根达斯就利用这一话

1. Joe chen：《冰淇凌和蜜蜂来我碗里!哈根达斯首部 VR 公益广告》，VR 之家网，2017 年 1 月 24 日。

题，推出带有蜜蜂形象的产品、T 恤周边，在社交网络上发起“帮助蜜蜂”的话题，甚至推出广告大片。此次推出的同名影片是哈根达斯的第一个 VR 项目，片中以一只蜜蜂的口吻，带领观众通过逼真的 VR 视角，身临其境地跟着嗡嗡的蜜蜂飞过花丛。

哈根达斯的这个策划具有明显的优势，通过 VR 特殊的方式把人们带入一个特定的环境，感受故事中的每一个细节，然后不管是故事的核心元素还是周边产品都不会让人们感觉很突兀，在这个基础上又宣传了自己的品牌，可谓一举两得。“核心品牌基本上都在讲自己的故事”，哈根达斯美国营销总监 Alex Placzek 说，“如果你不讲引人入胜的故事，那就只能是一件商品了”。由此可见剧情策划对于 VR 作品的重要性。

3. 《文明行车，别让家远离》

2018 年，江苏省苏州市吴江区公安交通管理局在新年来临之际推出了 VR 公益广告片《文明行车，别让家远离》，通过改编真实的交通事故案例，用“第一人称视角”拍摄了以“交通安全”为主题的公益广告，借助于 VR 这种特殊的技术，让大家身临其境地感受交通事故带来的危害，给所有“交通参与者”以警示。这一公益广告视频作品在微信平台推送，希望大家引以为戒，尽可能地杜绝类似的交通事故再次发生。

4. “四川志愿·携手圆梦”公益活动

2016 年 12 月 5 日，“四川志愿·携手圆梦”四川省暨成都市志愿服务展示交流活动隆重开始，一波外形酷炫的“特殊来宾”在现场吸引了众人的眼球，这些四川省志愿服务的新装备基于 VR 技术模拟生活场景，将科技元素应用到文明劝导等公益活动中，现场市民争相围观体验。“棒球互动体验”装备帮助残疾人锻炼团队合作精神、“天宫五号”VR 虚拟体验宣传环保理念，一个多功能健身器械模样的大家伙尤其抢眼。市民坐在特殊座位上，系上安全带，头戴 VR 眼镜，过马路，开车，地震，火灾等模拟场景便“真实”呈现在眼前。这些设备和系统由西南科技大学刘先勇教授及其团队研发，目前已经运用到文明劝导、应急救援等多项公益志愿服务中。[1]

以上来自不同国家的不同类型、不同风格的VR作品，内容有异，水平不一，共同特点是借助于VR设备和技术传递一种理念、思想、观点或模式等，为用户提供了身临其境进行体验的机会。比起一般的影视作品，不管VR艺术作品、VR商业产品、VR公益广告还是VR商业广告，由于沉浸感强，效果良好，都正在被越来越多的用户接受，正在占据越来越大的市场份额并发挥越来越大的作用。

第二节　VR总体策划与编导

VR总体策划与编导，其目标是未来的VR作品或产品在总体上呈现的效果。从VR总体策划与编导情况来看，目前市场上的VR实际样态主要有VR艺术作品、VR游戏、VR行业产品等类型。由于它们的功能作用有所不同，因此在内容特点、形式风格、体验感觉等方面存在或大或小的差异。

一、VR艺术作品

VR艺术作品包括上述VR影片、VR纪录片、VR专题片、VR电视剧、VR综艺节目、VR微电影、VR微剧、VR音乐电视（MV）等。从篇幅大小和体量方面说，又可分为VR短片与VR系列片。它们比起行业产品及商业广告类的VR来说，侧重点有两个：一是侧重于讲好一个故事，二是侧重于传达某种思想或观点。

（一）VR影视的策划与编导

1. 篇幅

影视的创作、拍摄、制作既要考虑避免篇幅过长造成受众的审美疲劳，又要考虑“规模效应”[2]，因此，影视剧都存在“最佳篇幅”的问题，并且不同体裁影视作品的“最佳篇幅”在不同的历史时期会有变化。最早的国产电视剧《一口菜饼子》，电影《定军山》，以及国外的电影《工厂大门》《火车进站》等，受制于早期的设备、技术等，篇幅都很短。随着技术的发展和设备的更新，电视连续剧的篇幅发展到稍长的单本剧、上下集，后来逐渐扩展到3集、7集、8集、20集、30集，再到古典名著改编剧的数十集，《贞观长歌》

1. 郭静雯等：《VR体验点燃公益活动现场 文明劝导有了更多新方式》，《四川日报》，2016年12月6日，第5版。

2. “规模效应”是经济学概念，根据边际成本递减推导而来。企业成本包括固定成本和变动成本，在生产规模扩大后，变动成本同比例增加，但固定成本不增加，规模增大可能带来经济效益提高，也可能因规模过大产生信息传递速度慢且造成信息失真等弊端，反而导致“规模不经济”。因此，生产要达到或超过盈亏平衡点，即规模效应。

的80多集并引起官司等。尽管创作拍摄制作的技术已经非常先进，韩国、美国都有长达若干季、数百集的系列剧，但在我国行业内公认的“最佳篇幅”都不是很长的，并且形成了每集45分钟左右、每5分钟出现一个小高潮、每15分钟左右出现冲突的起伏和变化等创作规律。

VR影视剧则有所不同，篇幅既要像普通影视那样注重受众的审美接受与规模效应，也要考虑VR技术的可行性及用户的接受程度、接受效果等问题。目前的VR作品大部分是以短视频的形式出现的，并不太适合拍成长篇的电影或电视剧。究其原因，主要是受众使用VR设备进行体验时，时间过长会有不适感。另一方面，VR拍摄对场景的要求非常高，需保证在空间范围内360°都不能穿帮，棚内拍摄时灯光要隐藏到道具中，外景拍摄时摄制组人员也不能出现在镜头范围内，充满了挑战性与技术难度。第三方面，VR拍摄对演员的要求也比普通影视演员的要求高，必须熟练掌握台词并且情绪到位，任何人出现失误都须重拍。还有就是成本问题，无论建模还是拍摄制作，目前VR作品的成本都比普通影视高得多。实际上，VR影视与影视中的VR是两个不同的概念，尽管很多影片尤其是动画片都离不开VR技术点缀其间，但真正的VR影片或VR电视节目还都在蓄势待发。比如2016年启动的“万水千山总是情”项目就是在普通电视剧版本之外又制作了“VR版”，同步拍摄的10集VR同名剧每集时长只有3分钟左右[1]。

2. 叙事

无论对于VR来说，还是对于普通影视来说，讲述故事与传达思想都不是彼此无关的，而是有机融合为一体，讲任何故事都要体现出一定的思想，否则，干瘪的故事情节就会使作品失去吸引力。反过来说，传达任何思想或观点时都要把故事讲好，不能干巴巴地说教，而要寓教于乐，把故事作为最好的载体，否则就会因单纯的“传声筒”而被用户唾弃。至于怎么才能把故事讲好，怎么才能把思想巧妙地融入故事之中，怎么才能在寓教于乐的同时对用户产生更大的吸引力，则涉及一些基本的叙事技巧。

从叙事与审美的角度说，普通影视叙事与VR叙事也是同中有异的，相同之处在于，故事情节的吸引力、人物形象的亲和力、场景气氛的独特性等都是决定作品胜负的主要因素。不同之处在于，VR叙事可谓在普通影视叙事的基础上增加了改变视角的可能性及新的叙事规则和叙事技巧，除了要注重故事情节的起承转合，还要注重全景模式下的多种视角和互动效果。不能把VR叙事和传统叙事对立起来，也不能仅仅作为一种补充，而是要把VR叙事作为传统叙事的一种提升。

在讲故事的技巧上，VR影片的难度要比VR纪录片和VR专题片大一些，因为VR影片的最大特点在于原创，既要有好的点子给故事开个好头，又要有关于如何沉浸、如何交互、如何激发用户想象和联想的关键技术，还要有关于故事结构、线索、节奏及起承转合的基本能力；而VR纪录片和VR专题片尽管也有主观与客观、故事与思想的相互结合问题，但都有程度不等的客观性、记录性、新闻性，只需要选择合适的视角、运用合适的线索把素材进行整合。

---

1. 杨雯：《虚拟现实剧来了，影像产业如何布局》，《中国新闻出版广电报》，2016年4月13日。

3. 拍摄制作

VR 拍摄不像普通影视拍摄那样能随意切换，如果想要牢牢吸引住观众，就得把表演的层次感充分释放出来，既不能拖泥带水，也不能单刀直入，而是要有层次、递进式的一步步把戏剧气氛营造出来，把观众牢牢吸引住。如果拖泥带水，信息量少，会让观众失望；而过于直截了当的话，则会破坏作品的沉浸感，表演的分寸非常重要，也相应地对策划与编导创作提出了更高的要求。

在技术运用方面，VR 拍摄与后期制作也像普通影视那样需要镜头运动，特别是在那些依靠 CG 技术制作的 VR 影片里，镜头的移动更是家常便饭。后期剪辑时尽管 VR 剪辑和传统剪辑有较大区别，但也有共同之处，场与场间的衔接是否恰当，镜头与镜头之间的过渡是否自然等，都是通过剪辑区分出来的，也是 VR 策划与编导不可缺少的功力。

二、VR 游戏

VR 游戏比起 VR 影视艺术作品，在叙事方面的最突出特点是互动性更强，用户必须参与剧情，带动剧情发展或者成为主角，才能有兴趣持续玩下去。在具体的故事情节策划上，如果说早期的 VR 游戏主要靠暴力、冒险、刺激等特点吸引用户，那么，随着技术的更新换代和玩家的审美提升，越来越多的人认识到，如果不注重游戏剧情而只追求刺激，会让很多 VR 游戏只是玩起来“一时爽”，通关之后却没有余味悠长的感觉，也就不可能让人产生“一玩再玩”的欲望。实际上，VR 游戏若是剧情编排得当，不仅可以更好地吸引用户，还能为游戏整体加分。

故事情节也是 VR 游戏叙事的重要标准。在传统以“暴力美学”闻名的游戏中，《毁灭战士》系列作品是一个典型的代表。作为 Bethesda 旗下的热门 IP，这款游戏的初版发行于 1993 年，被很多玩家认为是“射击类游戏的入门作”，数十年后还不断有人在后期制作的游戏和电影中向它致敬。在诞生后第 15 个年头，这款经久不衰的游戏推出了 VR 版本《毁灭战士 VFR》，成为系列作品中的另一部“里程碑式”作品，其最大的叙事特点就是生存与毁灭之间的冲突形成了巨大的叙事张力，当用户戴上头盔，就与人类空间隔绝开来，被丢入了一场如同真实的灾难中，对手都是身体结实、不怕打斗的非人类，用户必须马上调整身体状态，才能在纷至沓来的战斗场景中适应下来，投入生存还是毁灭的较量中，否则就可能被潮水般的敌人击败。这种远离日常生活的剧情设定，给人们提供了摆脱生活压力的良好平台，拼尽全力想办法在游戏中生还，借助于 VR 技术，生存的紧迫感能得到更加淋漓尽致的展现，用户也能在此起彼伏的剧情中获得更为真切的游戏体验。比起以往的“乱斗”游戏，《毁灭战士 VFR》除了剧情更为引人入胜，还配合推出了瞬移及“小碎步”的移动方式，让用户玩起来更舒服，极大程度地降低了眩晕感，为平时因工作感到有压力的用户提供了“降压”良器。

时空场景也是 VR 游戏的重要考量标准。场景不仅是角色人物存在的环境，是矛盾冲突展开的场所，也是故事情节发展的依托，对于 VR 叙事有直接的推动作用。优秀的 VR 作品往往善于利用场景策划给用户造成独特的视觉刺激，吸引他们对剧情产生良好的第一印象，进而对游戏持续关注下去。以 Oculus 3A 级大作“Lone Echo”为例，这款被称为“剧情大作”的游戏有一明一暗两条线索，明线是太空大战，暗线是爱情。游戏把主要场景设定成了未来的太空，用户扮演智能机器人 Jack，在土星周围的采矿工作站中和舰长 Liv 一起探索神秘的外太空，在用户与 Liv 共度艰险的同时，产生若即若离的情愫，几乎所有玩过此款游戏的人都能从两人的对话中感受到独特的暧昧。

三、VR 行业产品

如果说 VR 艺术作品和 VR 游戏产品对用户的吸引力是柔性的、美妙的，用户有选择喜欢不喜欢、玩还是不玩的权利，那么 VR 行业产品对用户产生的作用就是刚性的、实用的。将 VR 技术应用于军事、工业、医疗、房地产等各个行业，就形成了各种不同的 VR 行业产品，优质、专业的 VR 行业产品涉及内容策划、程序设计、硬件集成、插件创建、后期制作及项目交付后的跟踪支持与售后服务等，其中 VR 技术是核心，内容的策划与编导是关键。

（一）VR 军事产品

VR 军事产品的适用对象有武警、海军、空军、陆军、军事院校及军工企业等，对军事演练和推进有重要的战略意义和经济效益，可针对装备训练、战场环境、作战演练、战后重建等在虚拟现实中进行士兵训练，有效地提高军事学习效率，解决真实训练中费用高、危险大、受天气与地理位置影响等问题。例如，可提供伞兵仿真训练解决方案，受训者通过佩戴 VR 头盔或穿戴数据服，沉浸于绝对安全的“惊险”场景中进行练习，实现原本“不可能实现”的任务训练。又如，让受训者置身于 CAVE 系统中操作飞行模拟器，开启一场冲上云霄的逼真练习之旅。与过去传统的训练与推演相比，军事仿真技术不必局限于天气、场地空间与费用等限制，优化军事学习的效率和模式，借助 VR 可让受训者从课堂走向如同真实的战场，提升受训者的临场心理素质，感受沉浸的视野、多变的场景、针对化的训练，又可兼顾绝对的安全与控制性。

1. 装备仿真训练方案

通过与 CAVE 系统、大型模拟器或 VR 眼镜等集成方式，可创造高度沉浸感的模拟作战环境进行装备训练，从而提高作战素养及培训效率。可在以下领域得以运用，一是飞机，协助空军进行飞行仿真训练，借助多通道视窗同步渲染，在仿真视觉里操纵模拟飞行器起降、加速、轰炸、超音速飞行等，模拟舱通过旋转和倾斜提供逼真的“触觉反应”，可训练飞行员的判断和反应能力。二是舰艇，VR 海军潜艇、VR 舰艇模拟器可提高海军对舰艇驾驶与操作的熟练度和舰艇团队协作的默契度，逼真还原高达十二级的风浪效果和水下视角，并提供真实的仪器读数和训练指标分析。三是坦克及军用车辆，通过虚拟交互，模拟坦克的驾驶、炮弹轰炸，以及装甲车、侦察车、步兵运载车辆等地面军用交通的仿真驾驶，可以精确地重现交通工具在恶劣天气或者复杂路况下的真切操作感受。四是枪支弹药，在虚拟战场环境中，进行枪支弹药的射击训练、狙击防御、拆装组合等，提高陆军、野战兵、伞兵、炮兵等多兵种的实战射击与防御技巧。

2. “海陆空天电”联合作战仿真

“海陆空天电”指现代战争的五维战场、海军、陆军、空军、卫星、无线电干扰。VR 技术通过对战场环境、战术背景和敌方兵力进行建模和仿真，建立海陆空天电磁多维空间联合作战仿真的解决方案，支持单兵级到无边宇宙级的战争对抗模拟，实现兵力与兵器效能评估、数据采集、作战方法检验等目的。

3. 军用光电及红外传感器仿真

此类产品可在联合作战和战场环境等虚拟仿真中，添加图像增强、激光、红外线、热感应等传感器和扫描、多光谱、超光谱等军用光电的视觉成像仿真效果。这些效果可以被应用到飞行部队的夜视镜效果、地面部队的观察仪、瞄准具、驾驶仪、夜视眼镜和微光电视中。海军部队的近战武器系统的仿真模拟丰富了军事仿真内容，为监视、侦察、跟踪的仿真训练提高沉浸度和构想度。

（二）VR 工业工程

CAVE 系统，为工业领域客户提供最佳的虚拟现实解决方案。CAVE 系统是一种基于多通道视景同步技术和立体显示技术的房间式投影可视协同环境，该系统可提供一个房间大小的四面或六面立方体投影显示空间，供多人协同参与，所有参与者均完全沉浸在一个被立体投影画面包围的高级虚拟仿真环境中，借助数据手套、力反馈装置、位置跟踪器等虚拟现实交互设备，从而获得一种身临其境的高分辨率三维立体视听影像和六自由度交互感受。在 CAVE 系统中，可见证超强的复杂场景处理能力和材质表现效果，也可有效为航空、船舶、汽车、油田钻井等高端机械领域的设计把脉。还能通过定制的交互功能，实现员工上岗前的精准培训，帮助其了解设备的内部结构、运作状态、事故状态、检修方式等。

（三）VR 房地产

VR 沉浸式体验，对于一直讲究体验的地产行业来说是一大法宝，可协助地产开发商与装修设计商打造高精度的 VR 楼盘与 VR 家装解决方案。借助逼真的 VR 技术，实现从设计方案、家具测量到交互体验的实时项目服务，使终端客户在装修开始之前就真实体验装修入住后的实际效果，有效帮助用户实现硬装、软装、家电、家政的超前体验和方案选择。保证的是比视频或全景相机更自由的交互，没有呆板的固定路线，用户就是这个 VR 家庭的绝对主人，所有视景可跟随用户的眼球和步伐，实时发生变化。在商业地产方面，着重写字楼与大型购物中心的虚拟现实解决方案，根据规划蓝图在虚拟现实中 1∶1 逼真还原建筑空间场景。因此，房产经纪人仅需要邀请客户佩戴 VR 设备，即可进入虚拟交互世界，充分了解规划中的虚拟办公间、虚拟商铺甚至整栋楼宇与周边街景，比“现实体验”更具有说服力，VR 成为商业地产营销推广最有经济效益的实现方式，尤其是 VR 家装/VR 样板间，比平面设计图和 3D 效果图有绝对的优势，并在如下方面得以应用。

1. 漫游观感，多样式交互

在方案展示时，终端客户通过佩戴 VR 头盔行走于“虚拟设计”之中，从任意角度真实地感受房间在装修后的空间布局、颜色材质、尺寸比例等搭配，效果很好。在方案的选择上，客户以置身其中代替以往的估计想象，有利于其更直观地判断出最中意的装修方案。除了漫游观看，VR 看房有更多新奇的个性化交互元素，在动作捕捉设备的帮助下，客户甚至可以在虚拟现实中看到自己的双手，以此实现更真实的交互。例如，打开和关闭橱柜、门窗与电器、拿起和放置一些物件等。

2. 实时渲染，改稿不再愁

借助 VR 产品库中的家具样板素材，或从 3D Max 中导入个性化家具模型元素，设计师可按照自己的创意想法去设计和组合家具，安排装修风格与主题，并形成实时的虚拟现实家装方案交付给客户。面对以往最令人头疼的改稿环节，如今体验者仅仅需要触发“变动”的按钮，不论是墙纸、地板、沙发桌椅的材质，都可以实时切换并再次呈现给客户，解决了通常设计师彻夜挥泪改稿的窘境，大大提高了从设计、改稿到定稿的效率。

3. 测量功能，居家更便利

VR 具有精准的测量功能，可协助设计师向客户展示所选家具的大小高度和所占面积，以及数字化室内规划中的使用动线、出入动线和预留活动空间的大小，可有效规避实际家具采购后过大过小、造成出入不方便的状况。

4. 精细光照，材质更写实

VR 拥有精细到可见灰尘的室内环境自然采光与多种人工照明仿真效果，能配合设计师更准确地调试家装的色彩组合，以达到最佳的室内环境气氛。在逼真的光照下，形、色、质融为一体。不论是大理石、玻璃与镜子的反射、纺织物的面料表现，或者是家具的折旧表现，都会更加写实生动，使体验者充分展开对居家生活的联想，产生心理认同。

（四）VR 汽车

从设计方案、装配制造、虚拟试驾、车展、发布会，VR 都能提供一站式虚拟解决方案。在设计环节，支持各种百万级零件和模型的复杂场景与实时效果生成，因此设计师不必重复工作，在虚拟空间内就能任意改动造型，实时调整车辆结构。高精度渲染效果可以满足设计师在虚拟现实中检验汽车的整体外观和内饰，通过对细节的观察，全方位了解设计缺陷，最大程度上避免资源浪费。

而在汽车销售环节，在保证 VR 场景中汽车的相机精度的同时，又具备了与真实世界相同的丰富交互体验，可实现消费者随意进出、选择角度来全方位地观察品牌汽车的外观设计、细节材质、操作系统及试驾模拟体验功能。

（五）VR 旅游

VR 旅游提供一站式虚拟现实旅游解决方案，以相机精度、特大地形等特色为旅游体验、旅游规划、旅游教学、太空旅行带去全新的实现模式。以真实的旅游景观为模型，VR 团队可制作再现现实大小的景区景点、酒店、度假区及主题公园的逼真虚拟现实场景，引领全新旅游营销模式，同时使体验者不仅可以感受到自然景观与人文景观的“现实感”及可视化效果，还能享受到全景相机或视频无法比拟的多样交互体验。古墓探险、地心历险、太空旅行、时空穿越……这些看上去天方夜谭的旅行概念，虚拟现实技术也可以完美实现，让每个普通人都可以不必经过千难万险，即可在安全、沉浸、可交互的虚拟现实中实现观赏以及妙趣横生的交互。

（六）VR 医疗健身

VR 手术教学：提供 VR 手术教学的解决方案。在虚拟手术间环境中，对各种病症的虚拟仿真病人进行手术培训、独立操刀的高精度画面极具现实感，完全超越日常练习的人体模型逼真度，使学习者能用“第一视角”操纵这台手术，每一次下刀都会得到实时的画面反馈，增强了模拟手术随时变化的紧张感，使其从中提升操刀技巧与精准度，改善临场心理素质。

VR 康复训练：打破传统训练方式的局限性，针对不同类型功能障碍的患者提供不同的虚拟训练平台，通过音乐、画面、文字和语音提示等形式给患者以正面的激励反馈，使患者以做游戏或完成趣味性任务的方式进行康复训练，以此调动患者的积极性。此外，还能够详细地记录患者的训练数据，远程监控患者的训练情况，进而根据需要实时地调整训练计划和训练强度，推荐康复治疗方案。

VR 心理治疗：可模拟自闭症、各类恐惧症等心理障碍触发的情景，协助心理治疗师以较低成本来制定治疗或缓解病症的方案。

VR 健身：制定虚拟现实室内运动解决方案，以运动器材（如自行车、跑步机）和零眩晕 VR 视景内容为核心，集成传感器与 VR 设备，使得原本乏味的室内健身变得生动有趣。为健身者提供城市、山谷、海边等多款运动环境，使每一次运动就仿佛一场未知的冒险旅程。

（七）VR 零售

零售业一直在随着科技进步而变得更好，虚拟现实的参与无疑也将积极影响着人类的生活品质。通过建立无边界、高精度视觉质量的虚拟现实商场，可使消费者在一个更立体、更动态的虚拟现实环境中身临其境地浏览商品，更利于消费者对商品产生感情上的联系，达到商品销售与品牌好感的目的。

VR 商店：虚拟现实或增强现实百货商场为体验者营造独特的主题与氛围，体验者可在百货商场中漫步浏览，就如同置身于一个不可思议的真实商品世界中。

VR 购物：消费者在虚拟现实中与商品交互，获取外观、材质、款式、价格等基本信息，方便取舍，随时决定买还是不买。

VR 试衣：打破传统服务零售的沉闷过程，通过虚拟现实、网络摄像机、动作捕捉相结合，可以使消费者看到自己随心所欲试穿衣服的影像，可直观感受到款式、合身度以及搭配感。

（八）VR 博物馆

VR 技术可为博物馆、科技馆、美术馆、规划馆、纪念馆、主题馆、企业馆等建立一站式虚拟现实解决方案。结合三维实时场景、文字、录音解说、虚拟漫游等多种方式，能够 360° 展示博物馆的建筑特点、藏品细节、文化精髓和内涵展示等。

现实世界里，去博物馆总被提醒只能看，而不能触碰。但是在 VR 博物馆中，体验者则拥有更多交互的选择，近距离触摸一下著名画作，把玩一下古董花瓶，试穿一下皇族服饰，甚至可以在 VR 动物园中和狮子老虎等凶猛的保护动物体验共处一室的刺激。极大丰富了用户的感官体验，提高知识的传播效率，从而使更多人方便地、如同身临其境般地获取知识。

（九）VR 娱乐直播

VR 演播室可为新闻、综艺、文艺、体育等电视内容提供虚拟现实技术，实现全新、逼真的视觉效果并提供有效方案。以照片级渲染能力、实时动画、实时特效及 PBR 材质效果为优势，实现真实人物的实时画面与计算机产生的虚拟现实元素，如吉祥物或 Q 版形象等，集成于一个模拟场景，并做出类似真人的交互动作，实时向观众进行播放。

（十）VR 演唱会

距离遥远、票价昂贵等，将不再是粉丝“失约”偶像演唱会或音乐会的理由，虚拟现实技术为人们提供了一种更经济、更自由、更方便的演唱会体验方式——VR 演唱会。VR 演唱会可针对虚拟现场环境进行舞台、灯光、特效等多种优化渲染，使虚拟现场的气氛跟随环节进展层层推进，也更具煽动性。还可以实现多位特别嘉宾以“虚拟现实”的形式出场，与主角人物对唱互动等多种令人意想不到的个性化“真实 VS 虚拟”的交互功能。

第三节　VR 故事情节及其讲述

一、故事与情节

在媒体分众越来越细化的今天，“内容为王”的重要性越来越受到人们的重视，对于 VR 来说，技术固然是重要的，艺术方面如何讲好故事，也是不可忽视的问题。

通常情况下，故事与情节都是事件，都是发生在人身上的，只不过前者强调事件已经发生，所以称为故事；而后者指经过加工提炼后进入文艺作品中的事件。故事与情节并没有本质的区别，二者经常组合在一起形成同义复词，人们也就很少去讨论它们之间的区别了。

俄国形式主义理论认为，“故事”是原生形态的，遵循事件发生的生活逻辑和正常顺序，而“情节”则是人为操作的结果，对“故事”进行了某种结构、层次等方面的重新安排。按内容和形式“两分法”看，故事一般是属于内容层面的，和题材等概念直接挂钩；而情节则呈现于文本当中的“故事”，既有形式层面的，也有内容层面的，可称为“形式化了的内容”。

美国“编剧之父”罗伯特·麦基提出，“从瞬间到永恒，从方寸到寰宇，每一个人物的生命故事都提供了百科全书般丰富的可能性。大师的标志就是能够从中只挑选出几个瞬间，却借此给我们展示其一生。”[1] 这一观点，比较好地解释了故事与情节的区别，明确提出二者是种属概念，情节只是故事中的一部分。

在国内也有众多关于叙事的理论，但综观当前的 VR 领域包括整个影视界，怎么把故事讲好仍然是一个至关重要的问题。如果说影视叙事的关键在于人物形象的设计和故事情节的起承转合，那么，VR 叙事比起普通影视叙事来说，除了要重视故事情节的开端、发展、高潮、结局之外，还要注意叙事视角及主客体关系。

二、人物与角色

人的一生是由一连串的故事组成的，只有进入作品中的故事才叫情节。世界上的人千千万万，作品中出现的人和其他的叙事主体才能被称为是角色。如果说故事是在人身上发生的，那么，情节则是由角色带动的。无论 VR 还是普通影视，都是这样，只是 VR 故事情节与人物角色的主客体关系，不像普通影视那样绝对二分罢了。

在叙事学理论中，有的理论家侧重于故事情节，认为叙事主要是讲故事，好的作品应该是其中的故事令人难忘；而有的理论家则侧重于人物形象，认为叙事主要是塑造角色形象，好的作品应该是其中的角色与众不同。我们认为，实际上二者都有道理，情节是在人身上发生的，而人要在情节发展中展现性格，所以二者是密不可分的。优秀的故事一定既要把故事讲好，又要塑造令人难忘的角色形象。

普通电影最初是用胶片拍摄的、黑白的、无声的，随着技术的发展，逐步产生了彩色、有声、数字化的电影。即使是技术最先进的、效果最好的胶片电影，与主要依靠数字技术制作的 VR 影片在策划、编导、制作及后期等方面也有诸多不同。李安导演的《比利·林恩的中场战事》已经实现了 3D、4K、120 帧，虽然全球只有五家影院支持播放时实现有关的技术指标和体验效果，但表明技术介入的电影越来越多。同理，尽管如今的 VR 影片尚未普及，但未来甚至可以说不久的将来一定会有越来越多的 VR 影片问世，并对策划、编导人员提出全新的要求。

优秀的 VR 影片除了应具有良好的交互感、沉浸感及对观众联想与想象的激发，首要的就是要在故事情节及角色人物的策划与编导方面做好功课。如果说 VR 微电影以“三微”即微片长、微制作周期、微投资为特点，那么，未来的 VR 影片如何讲述故事、如何贯注思想、如何实现内容与形式的有机整合等方面，也必将受到越来越多的关注和重视。本书对这些问题的探讨也是建立在与普通电影比较的基础上。

在结构上，普通电影通常是“一两条线、五六个人、十来段戏”，要在有限的时间内讲述一个完整的故事，需提前把故事怎么开头、怎么发展、怎么到高潮、怎么结局及冲突怎么设计、怎么破解等策划好，此即所谓的故事节奏问题。这方面，可以拿美国电影和日本电影作简单的比较，美国电影一般节奏鲜明快速，而日本电影则显出某种缓缓的、淡淡的情绪流淌的特点。具体到 VR，既要考虑故事节奏快慢与题材的适应程度，又要考虑用户戴着 VR 头盔的耐受程度，以免由于篇幅、节奏等问题而造成用户不适。

---

1. [美] 罗伯特·麦基《故事——材质、结构、风格和银幕剧作的原理》，周铁东译，中国电影出版社，2001 年 8 月版，第 37 页。

在艺术语言的运用上，VR 影片的画面造型是个非常重要的问题。原因之一是电影对蒙太奇语言、对画面美感及造型的重视是与生俱来的，经历了从无声电影到有声电影、从黑白电影到彩色电影、从最初的小屏幕到后来的大屏幕再到如今的手机“微屏幕”过程，其间为了取得更好的表达效果，电影发展史上创造了一系列画面造型理论与技巧；原因之二是电影为实现“在影院密闭空间里‘造梦’”的传播目的，必须在艺术语言的运用技巧方面下功夫。因此，VR 影片除了要解决交互式、沉浸感及如何激发用户想象力等问题，还要十分注重画面、造型、留白、色彩、线条等各种艺术语言的运用。

在角色设计上，一部优秀的 VR 影片通常至少要有三个要素：鲜明而单纯的类型化人物性格、复杂而多变的戏剧性人物关系、人物之间激烈而醒目的矛盾冲突。这三个要素不仅适合于 VR 影片，也适合于其他题材的 VR 作品。具体而言，性格特征应该不是类型化的，而应该是丰富多样的，生、旦、净、末、丑互相搭配，再穿插些反串角色，才能支撑起故事情节的连续发展。另外，VR 影片中人物关系的展示也是有技巧的，电影的发展史，主要是叙事方式与叙事效果的变化史，从接受的角度看就是其中的人物怎样“互相说话”。这为我们做好 VR 影片的策划与编导提供了重要启示。

三、VR 剧本及相关体裁

在策划与编导 VR 剧本时除了需具备如上所述的要素之外，还需注意要以 VR 的交互性为中心，至于如何判断优秀的 VR 剧情及交互性的优劣高下，则要在与相关体裁的剧本进行区别的基础上，具体问题具体分析。

（一）文学脚本

VR 策划与编导一般首先要有一个文学脚本或简单的文字表述，基于现实生活或对未来的想象，用文字表达对 VR 的有关想法，用描述性的语言唤起人们的共鸣，把各种能够把用户带入这个故事世界的方式组织起来，把字词连成句子、段落和章节，最终形成流畅的、有节奏的故事，刻画人物，传递思想，表达个性。

现在，假如你在不理会上述所有原则的情况下写了一个故事，也就是说，你如果用乏味的描述、单调的词汇，以粗糙的手法塑造角色，那么可能会出现如下句子：这是一个夜黑风高的晚上。Bob 是个坏人，他对好人 John 说：“我恨你，我要杀了你！”然后继续用这种糟糕的语言风格写完整本书，仍然成功地把你所想象的好故事叙事出来了。读到这本书的人都会笑。即使它确实有了好故事的大纲，但作者并没有把文字合理地组织起来，你只是陈述了故事的表象，而不是它的精华。文学脚本，只是为一部剧奠定了最基本的前提，接下来还有很多重要的工作需做下去。

（二）电影剧本

剧本被称为“一剧之本”，正如国外某著名导演所说，有好的本子，不一定能拍出好戏；而如果没有好的本子，则永远不可能拍出好戏。说明了剧本对一部作品的重要性。

在文学脚本的基础上，如果在电影屏幕上把故事讲好，首先需要了解电影与文学的区别。文学是用文字表达意义，读者借助于文字，通过想象和联想形成头脑中的有关图像，进而对文学作品进行理解和把握。不妨把这种由文字传递的视觉信息称为一维的信息。

不同的是，电影则增加了第二个维度：视听感觉的同时输入。仍以前述的例子作为例子，这是一个夜黑风高的晚上。Bob 是个坏人，他对好人 John 说："我恨你，我要杀了你"，原本只是文字描述出来的几句话，如果拍成电影片段，则可让观众既能看到黑夜，又能听到风声；既能看到 Bob 和 John 的外貌并初步判断他们谁是坏人谁是好人，又能听到 John 对 Bob 说的"我恨你，我要杀了你"，这样就确认了他们两个谁是好人谁是坏人。可见，观众在从电影中获取信息时，不仅能听到台词、对话等之中包含的语言文字信息，还能从电影屏幕这一个二维平面上获得其他的视听感觉，由此形成了关于 Bob 和 John 的综合印象。不同的是，VR 剧本要用文字描述 360° 空间中发生的故事情节，这就注定了 VR 剧本与普通影视剧本及小说的区别。

（三）VR 剧的剧本

如果说电影能够同时提供视听体验，比文学提供的信息多样而全面，那么，就需了解 VR 比电影又多了一个维度，那就是交互性。文字信息是单向的，电影视听信息是二维的，VR 则引入了第三维，形成 360° 全景时空，并允许用户参与其中，在互动的同时产生身临其境的感觉。

在小说、诗歌等文字作品中，意义的深度来源于文字；在影视等视听作品中，受众听到和看到的情景能产生额外的细微差别；而在 VR 中，用户通过参与故事情节的场景之中，能发现更加微妙、真实的体验。当扮演主角时，就有了感受主角的动机和情绪的机会。通过自己的发现去看到、听到、触到并参与剧情，而不是通过拍摄者的镜头只"看到"或"听到"剧情，那种感觉是完全不一样的，身临其境感使 VR 用户比小说读者与影视观众更了解故事情节，也更有主动性。可见，文学通过文字传播单向信息，电影通过视听的方式传播二维信息，VR 则在传达视觉信息和听觉信息的同时，通过互动和体验传达叙事的深度。这就涉及了故事与叙事的区别。

若要以文字版的故事为基础做出 VR 作品，至少需要以下几步。

首先是场记工作，把文学脚本中故事的场景进行分解，第二步是策划一下 VR 版的场景分别是什么以及怎么展现。第三步，如果是建模，就需要编导制作一系列能够把上述场景和片段呈现出来的电脑程序，在这一步骤中，交互性是非常关键的，处理不好就无法让用户实现沉浸感；如果是 VR 拍摄，就需要专用的 VR 摄像机进行 360° 拍摄，一是要注意拍摄环境内无关物品的清理；二是要注意环境噪音；三是要注意演员的情绪与相互配合，这些都比普通影视拍摄的要求高得多，同时也要注意拍摄制作过程中的交互性问题。当然，有关硬件如头盔的重量、品质、效果等都可能影响到用户的沉浸感，为了更好地吸引 VR 用户，还有必要编写一些有趣的元素并将它们分散在场景之间。只有做好每一个步骤，VR 情节才能得到更好的呈现，VR 用户才能更好地与情节中的角色人物进行互动。

1. VR 故事情节的叙事

如前所述，普通影视讲故事，是单向地把故事中的信息传达给受众，但比较而言，VR故事情节的叙事相对复杂一些，主要体现在交互性和多视角。如同文学界及影视界多年间一直强调的“内容为王”那样，对于 VR 来说，成功的最主要因素也是故事情节及其叙事方式，也是“内容为王”，并体现在叙事视角、镜头运用、场景设计及交互性等方面。

关于视角。在普通影视作品中，视角能够自动成为文学或电影的重要组成部分，如果是第一视角，就可能以画外音的形式参与叙事，故事情节的起承转合以“我”的视角为转移，比如电影《红高粱》《求求你表扬我》等；如果是全知视角，就可能以主人公的愿望作为叙事动力，在愿望达成的过程中有一些阻力，故事情节的起承转合随动力与阻力之间形成的冲突而变化，大多数作品的视角都是这样的。而在 VR 中，视角则不能自动成为故事情节的组成部分，原因就在于 VR 用户不像普通影视的观众那样与故事情节是对立的主客体关系，而是融入了故事情节之中。

关于镜头。普通影视叙事的完成离不开镜头的运用及镜头的运动，其镜头有主观与客观之分，有的导演擅长主观叙事，而有的导演则偏爱客观叙事；在镜头的运用上，则通过平视或仰视或俯视镜头完成叙事功能，如果说平视镜头相对客观，那么仰视就可以拍出人物的伟大或建筑的雄伟，俯视镜头则可以表现人物的渺小或被拍摄对象的不值一提，从而使影片表现出诸多不同的风格。而 VR 则是 360° 拍摄或计算机建模，镜头被包含在叙事之中。

关于场景。场景对于叙事的重要性是有目共睹的，时代背景的交代、人物性格的表现、人物关系的展开、故事情节的推动等，都离不开场景。比较而言，戏剧的场景是真实的，作为“被看”对象直接呈现到受众眼前时，也是真实的，在被受众欣赏时没有剪辑、后期等过程，靠场景的抽象化、诗意化激起受众的审美想象力，把舞台上的真实想象成艺术的真实。影视的场景在拍摄时也是真实的，但作为“被看”的对象则是虚拟的，借助于拍摄制作设备形成二维平面上的影像，观众在观看时把屏幕上的虚拟图景想象成艺术的真实。VR 则将受众纳入一个封闭的时空之中，“切断了用户与故事场景中维系情绪和认知的纽带，让观众成为‘戴在主角身上的摄像探头’，这就大大弱化了故事表现和信息的表达”[1]，给 VR 叙事带来了挑战。

关于交互性。以文学作品为代表的传统印刷体叙事方式可以表现深刻的主题、多重的思想、多样的生活，作者只需要用文字写出来，读者的接受见仁见智，西方有“一千个读者有一千个哈姆雷特”的说法，我国则有“一部《红楼梦》，经学家看见《易》，道学家看见淫”的论断，有的作品在作者去世很多年后还没有在读者中形成定论，作者与读者之间几乎没有交互性。以戏剧影视为代表的现代叙事方式比起小说等文字作品，技术元素的增加使叙事功能得到了扩展，但交互性也是有限的，如果说弹幕算得上一种交互的话，与 VR 的交互性也不可相提并论。交互性是 VR 最主要的特性，由于目前晕动症尚未得到完全解决，也相应地影响到了 VR 的叙事，被称为“叙事性不足”“以视觉表达为主”“追

1. 《VR 视频的剧本应该怎么写？》，知乎网，https://www.zhihu.com/question/41937877/answer/92987889。

求快节奏、高亢的起伏、浅白的故事表现”等。造成这种情况的原因有多种，交互性不足是主要方面。

总之，在 VR 的策划与编导过程中，一方面是与影视叙事一样要有好的故事和讲故事的技巧，另一方面是在解决交互性问题的基础上把故事讲好，这取决于承载 VR 故事的载体不同于书本中的文字信息，也不同于电影中的视听信息。

2. VR 叙事的判断

判断一款 VR 叙事的成败优劣，有主观的因素，但又不是纯主观的，尤其是以故事为中心的 VR，作为一种表达行为，要结合其表达的方式、效果、交互程度等进行综合判断。

最初，VR 策划、编导、设计的目标是向用户表达某种体验和主题，这是完全主观的东西，但这些主观的东西是否能被用户体验到，及体验的程度和效果，则不能一概而论。

大部分关于 VR 故事的评论都倾向讨论主观的主题，且把主题的明确和表现方法视为理所当然。比如 VR 恐怖片，一般主要根据故事情节来给它打分，而忽略了故事是以恐怖的方式来表达的。认为人们喜欢这些 VR，他们玩得很开心，喜欢这些故事就够了。实际上，用户需要的可能不仅是恐怖感的刺激，而是更有意义、更有吸引力的故事和更有趣的体验感，他们真正需要的是带有交互性的体验内容。如今，在 VR 界形成共识的是，我们已经有接近完美的文学和电影，但 VR 叙事的理想状态是什么，至今还没有定论。“如果你想一下理论上完美的 VR 叙事应该是怎么样的，你会意识到，现在的 VR 落后了一大截”。从 VR 叙事的角度说，这一观点是属实的。

如果想提升 VR 叙事水平并解决 VR 如何体现主题的问题，首先应该解决如何正确地利用 VR 这种媒体作为叙事工具更好地讲故事，同时要关心应该表达什么。

四、如何衡量 VR 的艺术性

如何判断一款 VR 作品的品质，重要指标之一是如何有效地把各个叙事元素结合起来表达主题。在一部优秀的普通影视作品中，人物形象、故事情节、摄像角度、表演、导演、灯光、服装、化妆、道具、色调、音乐等，一切都要统一起来，为表达主题服务。如果其中的某一个元素与主题不符，就可能会降低作品的艺术性，削弱主题的表现力。在 VR 作品中更是这样，不仅要上述各个视听元素完美结合，而且要很好地解决沉浸感、交互性等问题。

业界有一种说法，好莱坞如果要做第一人称视角的 VR 影片，这方面不得不向电子游戏“取经”。电子游戏对于 VR 最大的优势就是，电子游戏可以互动，这种用户的自主互动，就自动产生了移情代入，获得极其强烈的真实体验……我们需要以电影的叙事框架作为载体、以游戏的叙事角度作为展现手段。这一说法是有一定道理的。电子游戏经过多年的发展，在人物设计、故事情节、交互效果等方面都已探索出了比较成熟的经验，尤其是从交互性来说，电子游戏的本质在于用户参与其中，通过角色扮演参与叙事，并以通关的形式完成剧情，在交互性方面是比较突出的。而对于 VR 来说，交互性恰恰是整个作品艺术性的重要一环。

色彩、灯光、道具等也会对 VR 的艺术性产生很大的影响。比如《黑客帝国》中的色彩，被用来突出表现与现实相反的想法，在虚拟的黑客帝国世界里，所有视觉元素都是淡绿色的，包括道具、衣柜和灯光，但在现实世界中，包括场景、道具等所有的视觉元素在总体上都呈现淡蓝色。这种视觉线索帮助观众下意识地区分这两个相反的世界，在强化主题的同时增强了受众的角色意识。而在《盗梦空间》中，则比较多地利用场景的差异提升辨识度和艺术性。

可见，VR 的艺术性是一个综合体，交互性可以强化故事情节，在提升作品艺术性的同时增强受众的体验感。如果只注重叙事，忽视作品的主题，会导致叙事体验被削弱，为了有效地在 VR 中叙述故事，我们必须充分利用 VR 这种媒体的技术优势。

五、VR 测试

小说出版之前要“试读”，电影公映之前要“试映”，游戏推出之前要测试，那么，VR 也有必要借鉴一下有关经验，由策划编导设计师或技术员查看自身是否“失调”，是否存在混乱或矛盾之处，调试之后再与用户见面，是 VR 走向市场的一个重要环节。如同文学写作要注意“潜在读者”，电影编创要注意“目标观众”一样，在 VR 的策划与编导过程中，也要时刻注意“潜在用户”“目标玩家”的交互体验并避免他们可能出现的不和谐感觉。

第一步是 VR 制作刚刚完成时，在技术上对处于雏形阶段的 VR 产品进行测试，这个阶段的测试是侧重于纯技术的，暂不涉及游戏的故事情节、人物设计等，参加测试的主要是有关技术人员，尤其是与交互性、沉浸感等有关的技术人员。

第二阶段的测试至关重要，时间也是三个阶段中最长的，少则几周，多则数月，是在故事情节与人物形象基本确定后，对 VR 的全面测试，既要测试故事、角色、线索、语言、风格、服饰、动作、任务的合理性等，又要进一步测试有关的技术，涉及诸多方面，在进行综合测试和评估后可能需要修改。这一过程的参与者除了策划与编导或设计制作人员之外，运营代理商及一部分用户也可能被邀请，共同体验并提出修改意见。

第三阶段相当于游戏的公测，一般来说，这一阶段的测试会有相对更多的用户参与，但也有例外，比如科幻巨片“Eve online”公测期间就采取了一些限制措施，可以参与的普通玩家非常少。比较而言，国内的网络产品上线之前的公测比较宽松一些，一方面是代理商急于让更多人接触到信息并反馈，另一方面是为了做广告，由有关技术人员或代理商指定参与公测的用户或其他人员。具体方式可能有实际操作、问卷调查、网上答题等，使用户在了解作品总体情况的同时提升参与的积极性，并听取他们的意见和反馈，宣传造势，扩大影响，为今后纠正错误打基础，做统计，事后通过打补丁或做插件的方式提升 VR 的质量。

六、避免不和谐

VR 策划与编导的工作中还有一个重要方面，那就是通过测试，了解有哪些因素是可能因各种“不和谐”从而导致用户不适感的，并进行修改调试。旨在避免 VR 的各个要素与用户的已有认知互相冲突。当用户同时持有两种互相冲突的信念或观点时，就会产生认知冲突。

第一是体验的冲突。这是最明显的一种冲突，即叙事矛盾，既可能涉及故事情节，又可能涉及人物设计。比如，当用户用 VR 头盔进行购物或观看电影或参与游戏时，刚刚的过场动画中显示主角与家人分离时感到难过，接下来在下一个场景中主角却开车碾死了人——这种叙事上的矛盾源于没有遵从叙事规律，忽略了“因果关系”在叙事中的重要作用，背离了普通的生活逻辑，情节突兀，导致 VR 中的故事情节与用户已有的生活经验不匹配，从而导致体验冲突，引起不和谐的感觉。

第二是身份的冲突。仍以文学、电影和游戏为例进行比较。一般情况下，文学大多是全知全能视角，读者在阅读时跟随书中的视角进行理解，并借助于自己的生活经历和想象、联想，对文字进行解读和体会。影视则通常是对话交流视角，观众对展现于眼前的事件进行视听，看到、听到什么就是什么。不同的是，VR 用户则是存在于故事之中的演员，不是简单地、被动地接受信息，而是亲身参与发生的事件并体验它。如果故事情节让用户一边是探索世界的求知者，一边又是打怪兽的主角，眼睁睁地看着自己的角色不受控制地与其他角色互动、行走和交谈，自己的身份就从第一人称切换到了第二人称，身份的冲突即可能发生。究其原因，可能是由于故事本身的叙事视点不一致，导致玩家感到自己不被信任，也可能是由于策划与编导或设计师交代的过多，或过于平铺直叙。比如，想说明游戏中 Bob 这个角色很聪明，与其交代“Bob 身手了得”进行主观叙事，不如直接用“Bob 躲开了落下来的石块”的动作进行客观叙事。与其播放角色躲开落下的石块的动画，不如自己成为 Bob 一角并躲开石块。总之，基本原则是充分调动用户的积极主动性，设计众多互动机会，若想避免用户的身份冲突，就要放手让他们参与其中，亲自动手。

第三是模式的冲突。如果说前两种冲突侧重于主观，那么，这种冲突则是客观引起的主观冲突，经常发生于游戏笨拙地在“叙事模式”和“游戏模式”之间切换。这一分钟在玩游戏，下一分钟你就变成看电影了。交互性的突然减少破坏了沉浸感，时时提醒用户“不是参与故事之中而只是在消费一种媒体”，就会因模式冲突而造成用户的不舒服。对此，不少的游戏玩家深有体会，玩游戏时全身心都是紧张的，因为是在体验“为生命而战”的感觉，面临挑战并试图战胜困境，小心翼翼，生怕走错任何一步。但当玩兴正浓时，突然之间镜头缩小，过场动画跳出来了，“电影模式”的到来使玩家失去了角色控制权，先前的紧张情绪一下子烟消云散，只好放下控制器，对屏幕上的叙事不再像刚才那么关心了，这样，就会因策划编导思路不一致产生叙事模式冲突，从而使用户失去兴趣。

《半条命》系列比较好地解决了不和谐导致的冲突问题，在玩法中自然展开剧情，用户一直拥有角色控制权，而这恰恰是他们最感兴趣的。整个过程中，角色就在用户的旁边交谈，总是被控制着。即使有些场景无法进入，但仍可以自由地行走和观看，并在观看的同时保持对角色的控制。这样，不改变视点，用户始终作为故事中的主角，亲身经历事件，沉浸感就不会被破坏。这也是 VR 策划与编导时必须注意的技巧。

七、情节与体验相统一

借鉴游戏中的“显性故事”和“玩家故事”，有利于 VR 做到用户体验的故事与片中提供的故事相统一。这是 VR 叙事特别重要的一个方面。

以 VR 游戏的叙事为例。对于玩家来说，游戏中存在两种叙事：一种是屏幕上通过故事情节、人物角色和场景对话进行讲述的叙事，被称为显性叙事；另一种是玩家参与游戏过程中个人体验到的故事情节、角色人物、情绪情感等，这也是一种叙事，被称为隐性叙事。

显性叙事主要表现在游戏的内容，比如打僵尸、个人成长、探索世界、拯救公主、消灭恶人等，都会在故事情节的起承转合中表现角色的变化。无论哪种题材的游戏，都由画面、声音、文字等共同表达出来，在交给玩家的同时，使其参与叙事并获得身临其境的感觉。

隐性故事则主要是玩家的体验，玩家在玩游戏的过程中，都“经历了许多事情，体验到各种情绪，认识角色和理解事件，在他们自己的行为和屏幕上的结果之间形成关联”，这样的体验是与剧中的“显性故事”相辅相成的，既取决于故事情节传播与接受的常识，也取决于 VR 交互性的效果。在面对同一款游戏时，不同的玩家关注的角色可能会不一样，体验的感受不一样，退出的节点不一样，对故事情节的理解也不一样。VR 游戏由于玩家的性格、经历、教育背景、技术水平等各不相同，面对游戏中同样的显性故事，各自体验到的隐性故事千差万别。

在 VR 用户尤其是游戏玩家的心目中，故事情节直接发生在他们的身上，是包含了开端、发展、矛盾、冲突、高潮和结局的完整体验，他们的感受非常深刻，非常真实。好的 VR 策划懂得如何通过显性故事的叙事节奏和角色人物的发展变化抓住玩家的心，从而在某种程度上实现显性故事与隐性故事的同步。使玩家从一开始就迅速进入游戏的规定情境中，立即感受到游戏中角色人物的情绪和动机，并将自己的情绪与动机跟游戏的角色人物相融合。比如《传送门》，在这款游戏中，玩家拿着传送枪，任务是穿过各种试验室去拿奖励。到接近结尾时，拿奖励需坐上一个移动的平台才能到达，突然得知这个平台其实是送玩家去死的，此时玩家可能真的被吓到了，深深地沉浸于游戏之中，正在为完成了所有任务即将获得奖励而得意时，却突然要死了，所以可能毫不犹豫地使用传送枪为自己创造一个出口，逃离出去，哪怕把系统破坏掉，也要用自己的智慧战胜敌人。这种在特定情境下为了“活下去”而做出的本能选择，即靠自己的智慧和策略让自己扮演的角色险中取胜，实际上是参与了“叙述故事”，比单纯地去“看”角色取胜要有意思得多，也有吸引力得多，只有这样才能保证玩家体验与剧中情节的统一，也才能保持玩家参与的积极性并避免“不和谐”。

八、VR 剧情策划与编导面临的挑战

目前的 VR 还只是少数人的福利，尚未真正被大多数有需求的用户拥有。随着 VR 技

术、设备、理念等的日益更新及 5G 网络逐渐普及，VR 实现商用及民用的步伐会越来越快。但在现阶段，VR 剧情策划与编导还面临着一些挑战，若想跨越壁垒，至少需要了解以下几方面的情况。

第一，目前市场上的 VR 设备昂贵。以 Facebook 2014 年收购的 Oculus Rift 头戴设备为例，售价是 600 美元，再加上兼容的计算机需要花费 1000 美元。低价的几十元人民币的普通 VR 头戴设备也是有的，但要么显示效果太差，要么太重导致观影感觉不舒服，要么卡槽等附件存在技术问题等。2018 年，小米公司推出了型号为 MJTDYY01LQ 的产品，虽然打着“VR 一体机”的名号，但片源中有相当比例的作品并非真正的 VR 作品。

第二，拍摄困难。目前 VR 影片的制作主要有两种技术路径，一是用 360° 无死角摄像机进行实景拍摄及后期制作，二是用 3D 建模。无论哪种方式，都需要前期策划与编导等工作，而且投资都是大问题。据《科学美国人》杂志 2016 年 5 月份的报道，投资、风险、避免“穿帮”等是 VR 拍摄制作面临的大问题，尤其是在“穿帮”的问题上，需要花费巨大的努力让灯光、工作人员和道具不出现在镜头里，因为需要把其周围 360° 的环境全都拍摄进去，很难将设备、灯光和工作人员隐藏。

第三，如何吸引用户的注意力。VR 影片不同于普通电影，普通电影在拍摄时只需要把演员的情绪和状态调度好就可以拍摄了，即使如此，有群众演员在场的戏份拍摄都要比主要演员的戏份难拍得多；而 VR 影片的观众则出现在影片中，如果未能引导好他们的注意力、情绪和状态，那么整部影片就很难说有多么成功。在策划与编导时不仅要注意故事情节的发展和人物形象的设计，还要注意如何全方位地调动所有相关人员的情绪。比如，汽车生产商 Mini 拍了一段 360° 的 VR 短片，讲的是主人公将一个工人推进一堆箱子中，然后跑出了镜头。而对于大多数的观影者来说，他们的注意力并没有如拍摄者所希望的始终跟随主人公，导致观影者通常会错过下一个重大行动点，并可能导致影片情绪控制的不合理。如果因此推翻重拍，就意味着策划与编导的失败。

第四，VR 内容生产的滞后是一个世界性的难题，以 VR 影片为例，比起一般电影的生产过程是有很大区别的，在 VR 硬件价格居高不下且尚未圆满解决之前，内容的生产及故事的策划与编导就显得非常重要了。从理论上说，未来的 VR 影片一定能给予观众视觉、听觉、环境感、嗅觉、触觉、味觉的沉浸式体验，同时，观众又能像玩电子游戏那样与银幕上的人物互动，参与剧情发展，从而做到真正、完全的沉浸式审美体验。

总之，优秀的 VR 作品中，剧情的策划与编导是最重要的，作品形式及制作技术都要为内容服务。正如业内人士所说，“在最近，出现了对 VR 硬件的唱衰之声”，这是很正常的现象，“这么多人做硬件，不可能都活下去”，能活下去的团队要具备两点：真正良好的产品体验与优质的内容生态圈。业内人士认为，“尽管 VR 软硬件处于相互促进的关系，但长远来看，应该是软件占主要的推动作用，用主机游戏的发展历程来类比——尽管像任天堂、索尼这样的公司在前期是通过拥有更好的画质、娱乐性的新设备来打开市场，但长期来看，还是优秀的游戏内容推动了市场的发展。”[1]

1. 《60 分钟 40 种不同剧情的 VR 影片 结局由你来养成》，搜狐网，2016 年 8 月 16 日。

思考与练习

一、VR 策划编导的对象及其样态有哪些？你最喜欢其中的哪一种样态？

二、为什么说 VR 与游戏有天然的联系，而 VR 为游戏发展带来了机遇？

三、请从众多 VR 作品中任选一部，谈谈其在策划与编导方面的特点。

四、如何理解叙事对于 VR 作品成败的重要性？

第四章
VR 策划与编导的主体

【本章导读】

本章基于主客体双向建构过程中主体的主导地位与决定作用，从 VR 策划与编导主体的类型出发，对主体的创作目的、心理要素、创作特征等进行了分析，在此基础上探讨了 VR 策划与编导的工作部门、阶段性任务、创作动机及其应用，具有比较大的应用价值。

第一节　VR 策划与编导主体的分类和创作目的

一、VR 策划与编导主体的大致分类和创作基本情况

从广义说，VR 策划与编导的主体不仅包括直接参与 VR 作品创作的策划、编剧、导演、摄像等人员，也包括与 VR 产品有关的硬件设计制作人员。他们主观方面的设计思想、策划理念、生产水平等，都直接或间接决定着 VR 作品、产品的质量，也直接或间接决定着用户的沉浸感和体验感。

（一）VR 头盔生产商

VR 头盔既指与 PC（Personal Computer）[1] 配套的头戴式显示器，也指后来在原头盔基础上发展而成的一体机。部分头盔生产商只生产头盔，另一部分生产商在生产头盔的同时也在开发 VR 片源。对于一体机生产商来说，提供片源成了业界竞争的重要选择。

据媒体报道，“2015 年下半年，国内 VR 头显市场的主旋律还是 PC 头显和手机盒子。到了 2016 年上半年，一体机逐渐上位，成为发布会上的主角。虽然还没有准确的数据表明 VR 一体机的市场份额，但大部分国内 VR 头显厂商都涉足了一体机：IDEALENS、暴风、3Glasses、Nibiru、Pico、灵境、星轮、雅士等，据不完全统计，国内的 VR 一体机厂商至少有 30 家”[2]。在国外，HTC Vive、索尼 Project Morpheus、Oculus Rift 等纷纷抢占市场先机，为了吸引用户，一般都会在出售设备的同时辅以 VR 片源，以扫描二维码或注册会员的方式进行分享。

（二）手机制造商

智能手机的快速发展与大量普及，是 VR 走向大众的硬件基础之一。目前，大部分 VR 设备需要借助于手机中的 VR 内容才能体验虚拟现实，国内外很多手机厂商为了占领市场并扩大销售，积极布局 VR 市场。暴风魔镜 CEO 黄晓杰在对相关市场进行了统计：“我们坚定地认为，对于未来 VR 的格局 90%的市场是属于移动的，10%的市场是属于 PC 的。”比如三星手机有 Gear VR，华为手机也有 Huawei VR 等。但令人遗憾的是，目前手机自带的 VR 资源一般比较有限，质量也不尽如人意，引起网上大量吐槽：一是 VR

1. PC 是“Personal Computer”的缩写，指能独立运行、完成特定功能的个人计算机，一般指电脑座机。

2.《VR 头显厂商为什么都跑来做一体机了？他们又是怎么做的？》，搜狐网，2016 年 8 月 30 日。

信号模糊，比如 Galaxy S7 及 S7 edge，标配 2K 屏，像素密度分别为 576PPI 和 534PPI[1]，仅从手机而言，这些数据都表明手机算得上“旗舰中的精品”，但在 VR 设备两片高度凸透镜的放大作用下，颗粒感、边缘锯齿等依然明显，原因就是手机的图形解析能力欠佳。二是 VR 原创内容太少，大部分是老片子，缺乏新近作品，其中为数不多的全景视频以球赛、风景等为主，缺乏故事情节、景深效果和临场体验，游戏则制作粗糙简单，甚至显得有些幼稚，同时影音体验差、眩晕感没有得到完全解决等问题，也都直接降低了消费者对手机 VR 的热情。

（三）计算机生产商

计算机生产商提供的传播平台也是 VR 走向大众的硬件基础之一。2016 年年底，微软发布会上推出了全新 Windows 10 一体机 Surface Studio，微软在增强现实与虚拟现实领域的扩张计划尽管没有获得足够关注，但其于 2017 年发布的免费 Windows 10 更新，Creators Update 以全新的性能吸引了用户，它将支持虚拟现实头盔与 PC 相连。这款 Windows 10 虚拟现实头盔的价格比较便宜，起售价仅为 299 美元，而且这款虚拟现实头盔是 PC 制造商生产的。另外，戴尔、联想、华硕等诸多国内外计算机生产商都在 VR 领域进行了布局。

（四）VR 广告商

此类创作主体在策划与制作时的目的很清楚，那就是进行商品营销。此类 VR 主要是广告，但更注重大众传媒时代尤其新媒体时代受众的个体性、收视习惯及收视特点。VR 元素的加入与传统广告显示出了巨大的区别，不但能坐在自家客厅里体验去国外的实体店买东西的感觉，还能如身临其境般地进行挑选，而且能“摸”到商品的质感、“闻”到商品的气味等。这方面最典型的就是 Buy+，这款被男人称为“让女人更败家”[2] 的应用放在网上后，对 VR 眼镜行业是一大利好，之前主推的那些应用，例如游戏、影视、设计等覆盖人群有限，VR 购物却是很多人都需要的。

当然，对于蓬勃发展的 VR 市场来说，将其创作主体分为上述几类可能无法涵盖 VR 创作主体的全部，但我们为了研究 VR 创作主体情况、探讨规律、解决问题的方便进行了如此分类，旨在“窥一斑而知全豹”，便于探讨 VR 创作的情况与规律。

二、VR 创作目的

创作目的对创作过程有重要影响，创作手法的选择、创作内容的设计、作品风格的呈现等都与创作目的息息相关。

“主观范式”的提出者、美国理论家戴维·布莱奇（Bragi）曾对人的“主观目的”进行了研究，认为“主观性是每一个人认识事物的条件，人的认识不能脱离人的意图和目的”。

1. 像素的单位除 PPI（图像分辨率）之外，还有 DPI（扫描分辨率）、LPI（网屏分辨率）等。PPI 和 DPI 是常用的两个像素单位。

2. Buy+（败家）视频网址，http://v.youku.com/v_show/id_XMTUyMjkyOTMwMA==.html。

他进一步提出，同一个问题，如果按照客观范式，首要的问题是它（对象）是什么？而按照主观范式，首要的问题则变为“我想知道什么？”这大概就是人的“意图”或“目的”所起的作用，它有助于理解人类的蓄意行为或其他行为，而在这些行为或活动中，目的的选择扮演着重要角色。人类的全部行为都是有目的的，但人类只有通过一定的语言对此有所认识才能实现。因此，目的促使人们获取自我意识，反过来自我意识又给予人们能力，来进一步调节并产生更复杂、更适合于人类发展的目的。

布莱奇的这一理论观点，用于解释电影的发展及 VR 的诞生都非常合适。100 多年前，当法国卢米埃尔兄弟用自家工厂生产的照相器材拍摄了黑白“默片”《工厂大门》《火车进站》等短片之时，可能只是出于兴趣，后来人类由于利益的驱动及对艺术效果的追求，或出于娱乐及审美的需要，把无声电影变成了有声电影，黑白影片变成了彩色影片，窄银幕变成了宽银幕，如今又为了收视的方便产生了各式各样的“微屏幕”，一系列变化，其间，人类的创作目的可能各不相同，但无论为了娱乐，为了利润，还是为了方便观赏，都在客观上推动了电影艺术与技术的发展。VR 的诞生也是这样的，正如本书开头所考证的那样，在科学家们画出 VR 设计图之前，科幻小说家、画家、摄影家们已经有了关于 VR 的种种设想，也正是这些作家、艺术家的天才创造，为科学家们动手设计制作 VR 设备提供了思路。

在这个问题上，马克思主义经典作家提出，愿望是由激情或思虑来决定的，而直接决定激情或思虑的杠杆是各式各样的，有的可能是外界的事物，有的可能是精神方面的，如功名心、对真理和正义的热忱、个人的憎恶，或者甚至是各种纯粹个人的怪想。[1]此处的“愿望”，与前述的“目的”是同一问题的两个不同称谓，人们无论做任何事情，都可能有各种各样的愿望或目的，从主客体的关系及“物化自然”的角度，如果说主体创造着现实，那么客体则是由主体的目的予以限制和界定的。

关于 VR 的创作目的，从目的的构成而言，既有好奇、“炫技”等个体性的因素，又有广告宣传、形象推广等社会性的因素；从目的的价值属性而言，既有“以技术探索艺术”的专业目的，又有“以艺术推动产业”的经济目的；从目的的实现而言，既有《无间道 3》等大电影的 VR 版令用户大呼过瘾，又有球赛、专题片、纪录片等各类 VR 资源。

与创作目的相关的还有一个因素，那就是热情和冲动，即“作家、艺术家创作活动的心理驱动力”。如果说创作冲动是短暂的、稍纵即逝的、外在于创作过程的，那么创作目的则是有延续性的、有重复性的、始终指向创作过程本身的，其特点如下：既是一种朦胧而非清晰的、具有主导性的情绪体验，又是一种复杂而非简单的、具有混合性的情感体验。当头戴式 VR 显示器欧酷拉 Rift 的发明家帕尔默·拉奇狂热地把自己的所有积蓄都投入从各个不同地方寻找各种性价比高的 VR 部件，并靠 DIY 亲手把各种部件组装到一起时，或许他并没有想到日后在 Kickstarter 上为自己的 DIY 式 VR 产品发起的众筹活动能获得那么多资金的支持，或许也没有想清楚自己当初为什么对 VR 那么情有独钟，其中既有人类行为目的的动力特点，也有主客体相互建构而成的文艺创作过程的复杂性。

1. 《马克思恩格斯选集》第 4 卷，人民出版社，1995 年版，第 248 页。

第二节　VR 策划与编导主体的主导地位

文学艺术创作是主客体双向建构的过程，只有当主客体相互渗透、相互依存，并达到情景交融、“相由心生”的境界，主体的创作活动才能完成。在这一过程中，作为创作主体的文艺家不是超然于客观世界之外的，而是受到客体的影响和制约，同时，客体也并不等同于客观存在，换言之，文学艺术创作确实离不开客观现实生活提供的素材，但并非所有的生活都能成为创作的客体进入文学艺术作品并成为其中的人物与情节，只有文艺创作者体验过并成为主体对象化产物的社会生活，才能成为文学艺术表现的对象。

对于新创意与高科技相结合而催生的 VR 而言，主客体双向建构的特色更为明显，主体在其中的主导地位和决定作用更为突出。道理很简单，如果没有人类的创意实践，就不会有 VR 的诞生；如果没有人类发明的多媒体等新技术，就不会有包括 VR 在内的视听作品新形态的出现。

黑格尔在其《美学》中把叙事诗、抒情诗和戏剧进行了区分，并提出戏剧是“包含了主客观的综合性艺术”。因为文学艺术创作是极其复杂的精神生产活动，既离不开作家、艺术家自身的主观感受，又离不开客观的现实生活。但主体在其中占据主导地位，起着主要作用。

一、VR 创作的心理要素

在 VR 从无到有的过程中，无论硬件的试验制造、软件的设计调整、游戏的创意上线，还是故事的编创修改，都离不开人的心理要素。随着弗洛伊德的精神分析学说、荣格的集体无意识等学说的出现及文艺心理学研究的深入，如今人类对精神活动的探索已经比较深入了。虽然如此，但关于文艺创作这类复杂的创造性精神活动，人类仍未能完全把握其中的过程，尤其是艺术直觉、艺术灵感、艺术情感、艺术想象等，不依靠逻辑推理或日常习惯而随机产生，更是向人类的理性研究提出了挑战，至今无法完全了解其中的奥秘。

关于直觉，意大利哲学家、美学家克罗齐提出过“艺术即直觉”的著名观点，但艺术显然不等同于直觉，也不纯粹是直觉的产物。关于灵感，《简明不列颠百科全书》解释为“在创作或表演文艺作品前一瞬间的创造热情状态”，但并非所有人都有创作的灵感，其中也有天赋秉性、思维能力的因素，其中的随机性、偶然性、突发性、迷狂性、创造性等，都有待于人类进一步深入研究。关于情感，自古以来被称为“文学艺术的灵魂”，无论将其解释为“人对自己体内时间的知觉”，还是解释为“主体对外在事物引起的态度的自我体验”，都尚未研究透彻艺术情感与一般情感的区别。关于想象，心理学的观点是“以原有表象或经验为基础创造新形象的心理过程”，并因此把艺术想象解释为“文学艺术活动主体调动过去积累的记忆表象，经过艺术加工创造出艺术形象的心理过程”，但想象显然不仅是心理过程，其中还包含了很多其他方面的精神活动。

对于 VR 的创意和创作而言，以上关于一般文学艺术创作心理要素的复杂性、重要性不仅完全适用，而且更为明显。第一，VR 要有交互性并能让用户体验到沉浸感，意味着 VR 在故事情节的策划与编导方面要充分考虑到潜在观众、目标用户的审美需求和参与兴趣，尽可能把故事设计得有代入感；第二，VR 与其他文学艺术形式的创作一样需要讲故事，但又需要在比较短的时间内把故事讲得更为有趣、更有可行性；第三，VR 叙事时间短，意味着人物形象及其关系的设计要更合情、更合理、更合乎逻辑，情节走向、线索与悬念等都更符合叙事规律。

二、VR 创作主体心理要素的表现形态

从创作主体心理要素的表现形态看，VR 故事情节的创作与微电影创作有相似之处，因为 VR 和微电影一是主观方面创作目的类型相似，二是客观方面片长相似，三是主客观结合方面决定策划、编导、制作等方面的体量相似。目前 VR 的传播是基于网络平台的，审查权归于各个网络公司，这使得很多无法通过影视渠道播出的内容，都有可能通过网络这个平台展现。

开放的制作平台、快捷的传播渠道，使创作主体的思路大为拓展，传播的积极性也大为提高，某种程度上促进了 VR 的快速发展，也成为了吸引资本进入 VR 领域的一个重要原因，并相应地带来了一些问题，比如，有人为了提升点击率、扩大经济效益，忽略了“思想性与艺术性并重”“社会效益与经济效益不一致时以社会效益为主”等基本创作原则，尤其是一些凶杀、暴力题材的 VR 游戏，对观众、尤其是对未成年观众造成了诸多不良影响。目前，有关部门正在加紧制定针对广告主、制作方及视频网站的有关政策，对于受众而言，这是十分必要的。

三、VR 创作的特征

（一）主客体的一致性

VR 策划与编导为了更好地实现交互性，需要充分考虑潜在观众、目标用户的喜好，这从一开始就保证了创作主体与接受主体的一致性；同时，由于文艺创作是主客体相互作用的双向建构过程。因此，VR 创作主体既可能是作品反映的社会事件的参与者，也可能是作品所评判的社会群体中间的一分子，因此具有双重身份：既是创作的主体，又是创作的客体，这就在过程中保证了创作主体与创作客体的一致性。

歌德（Johann W・Goethe）认为艺术家对于自然有着双重关系：他既是自然的主宰，又是自然的奴隶。他是自然的奴隶，因为他必须用人世间的材料来进行工作，才能使人理解；同时他又是自然的主宰，因为他使这种人世间的材料服从他的较高的意志，并且为这

较高的意志服务。[1]只有这样，创作过程才能完成，优秀作品才能出现。VR 创作中主体与客体的关系也是这样的：一方面，主体面对的人生世相是整个社会文化的一部分，如果缺乏主体的正确创作姿态或缺乏对客体的全面了解与认识，就不可能进行正确的反映，比如，同一时间，成年知识分子策划与制作的 VR 片子旨在反对家暴，而年轻的 VR 从业者策划与制作的 VR 片子则是为了表现自然风景，阅历不同，思路不同，在进行 VR 策划与制作时主客体的融合情况也不同，作品的题材与内容也就有所不同；另一方面，主体又生活在作品所反映的生活现象之中，他们的创作活动必须与当时的历史条件相吻合，比如，在 CG（Computer Graphics 的英文缩写）技术发展成熟之前，《杀人梦》之类的作品就无法逼真地完成。

（二）创作主体的主导性

在 VR 策划与编导时，创作主体会把自己的情感、意志、价值观念、知识结构等带到作品中，并可能影响到作品的形态与特点。原因如上所述，创作者的知识结构、生活阅历、性格特点等，都可能对作品有明显的影响。丹麦语言学家叶尔姆斯列夫（Louis Hjelmslev）研究威尔斯语的有关结论对理解这一问题有一定的启示意义：英语中的颜色有 green（绿）、blue（蓝）、grey（灰）、brown（棕）等，但在威尔斯语中，blue 和 grey 是同一个词，都是 gles，所以一般的威尔斯人无法辨别蓝色和灰色，只有那些懂英语的威尔斯人才能对这两种颜色加以辨别。这个事实说明，人们总是在一定的知识体系下认识事物的，VR 的策划与编导也这样，从作品中能让受众看到什么、听到什么、触摸到什么、产生什么样的思考等，都与其现在的知识结构有关。比如，一个对战争不了解的人，不可能独立进行战争题材 VR 游戏的故事策划。同理，如果不了解家庭暴力，也不可能独立策划与编导家暴题材的 VR 影片。这些观点，对于我们分析 VR 的不同类型、不同风格及不同创作目的都是非常适用的。

（三）创作目的的先在性

无论是 VR 还是其他文艺作品，都不是自发的，也不是从天上掉下来的，而是都要经历构思、取材、创作、修改等一系列过程，有什么样的构思，取什么样的选材，创作什么样的作品等，都是在一定目的的主导下完成的。按照德国哲学家哈贝马斯（Habermas）的说法，“只有获得了一种理论观点的认识才真正有能力确定行动的方向”[2]，社会生活是丰富复杂、形式多样的，那些能够进入 VR 有限篇幅的创作素材，与创作者的主观定向有密切联系。胡适提出，“一切心的作用（知识思想等）都是起于个人的兴趣和意志，兴趣和意志定下选择的目标，有了目标方才从已有的经验里挑出达到这目标的方法、器具和资料”[3]，他认为人的知识、思想等都来自兴趣和意志，并定下了选择的目标，为了达到目标

1. [德]爱克曼：《歌德谈话录》，北京大学出版社，2002 年版，第 12 页。

2. [德]哈贝马斯：《认识与兴趣》，载《作为“意识形态”的技术与科学》，李黎等译，学林出版社，1999 年版，第 118-119 页。

3. 胡适：《实验主义》，载《胡适文存》（卷二），亚东图书馆，1921 年版，第 93 页。

必须从已有的经验里挑选“方法、器具和资料”，最终的结果是受现在的目标决定的。以普及版 VR 游戏《捉蝴蝶》（Catch Butterflies）为例，只要用户站在屏幕前的适当位置，自身的影像就会与屏幕上的蝴蝶处于同一画框中，然后点击“PLAY”键，蝴蝶就会翩翩起舞，当用户伸手去抓各种颜色的蝴蝶时，抓到黑色的就要扣分，抓到其他不同颜色的就会增加相应的分，多则每只 1000 分，少则每只 100 分，限时结束，以分闯关。这样的 VR 游戏情节简单，对于初学 VR 的年轻学子来说，操作起来比较简便快捷，易于掌握，其创作目的是吸引对 VR 感兴趣的“菜鸟”用户，扩大 VR 的用户群体，并取得了良好的效果。

第三节　VR 策划与编导的主体要素

一、VR 策划与编导的部门

策划不仅是前期工作，而且涉及中期拍摄、后期制作的各个部门。创作本身是比较主观化的，并没有一定之规，但在制作方面有一定的规律，由于影视及 VR 成本高且有一定的风险，所以一般要求本子、班子、票子全部到位之后才能实施。在这一过程中，无论实景拍摄的 VR，还是 3D 建模的 VR，无论剧组的哪个部门，“策划先行”都是有必要的。

（一）策划部门

随着策划的重要性越来越受到重视，目前很多影视公司、动漫公司及有 VR 业务的科技公司等都已设立了策划部，也有的公司把策划部归于宣发部或总编室。不管有没有实际的策划部门，策划人员是必不可少的，因为 VR 与影视的策划与制作都有一定的周期，策划人员的主要职责是对公司一年或两年以后的生产任务提出建议，自主策划或对外征稿，收集自由投稿并写出评审意见，把初选的文案上交公司领导以备讨论等，对于原创项目，策划人员还要经过市场调研并写出策划方案，对可行性、风险及排除风险的路径等提前做好预案。

（二）导演部门

所有导演在正式开始拍摄前都要修改剧本，除非剧本是导演本人写的。导演的创作意图在分镜头中体现。导演要确保有统一的策划方案、导演阐述并及时与主创人员进行沟通，在正式开拍之前对全体工作人员做导演阐述，统一创作思想，然后带领主要创作拍摄人员查看场地、确认场景、预计拍摄的日程和周期，帮助演员熟悉剧情，给演员集中说戏以便他们深入理解角色，指导他们熟悉台词并相互对戏。在导演的统一规划下，副导演可能有多位，分工负责不同的工作，如现场副导演、演员副导演等。如果不采用实景拍摄而用 3D 建模技术，导演对策划与编导工作的认识与把握更为重要，并直接决定着建模与制作的水平。

（三）舞美部门

对于实景拍摄而非建模的 VR，舞美部门需提前对美术、置景、道具、化妆、服装的创作进行沟通，达成共识，统一创作思路。美术、置景、道具等部门合作完成拍摄现场的准备，必要时需进行人工搭景。道具部门向制片部门提供所需要的道具清单，由制片部门购买或租赁。演员的服装由服装部门设计，演员化妆由化妆部门负责。如果没有化妆部门就需外包出去并签订合作协议。而对于 3D 建模的 VR 作品，舞美部门可能简称美术部门，相关工作是以技术代替人力，对技术的要求更高。

（四）音响部门

在正式开始拍摄前，配音师需与导演沟通并设计全剧的声音效果，对即将进入景地的录音条件做调研和了解。制片组提供所需要的设备清单，如果需要租赁设备，就需检查租赁来的录音器材，并在正式开机前进行试用。而 3D 建模对录音、配音、音效等的要求更高。

（五）制片部门

制片主任、现场制片跟随导演一起考察场地，选景时要注意符合剧本的要求，安排拍摄计划，提前了解拍摄场地的交通状况、气候条件、通信条件、食宿条件等，包括在现场调动工作人员配合拍摄。同时也要负责与所选场地的负责人沟通使用条件并签订合约。

另外还要准备分场景表、场景统计清单、演员出场统计清单等，印发剧本，保证各个创作部门有需要的剧本，主要演员有一套剧本，配角有出演场次的剧本。准备各类的文书材料、证明信与介绍信等。联系租赁器材设备，签订租赁合同，安排检查设备和试排，监督各部门按原定计划完成开机前的一切准备工作等。如果是 3D 建模而不是实景拍摄，前半段工作情况相对简单一些，但对技术的要求更高。

以上各个部门的工作没有主次之分，共同决定着作品的整体质量，无论哪一个部门的工作都要把前期策划及总体编导的目标放在主要位置。

二、拍摄阶段的策划任务

VR 拍摄与普通影视拍摄，除了在场地布置、排除杂物等方面有最大的区别之外，其他方面大同小异，都需要提前策划。

（一）财务及成本管理

在本子、班子、票子中，资金预算与财务管理是非常重要的工作。VR 与普通影视作品的质量一样，是受多种因素控制的，其中投资的多少是重要的决定因素。预算及如何落实就是策划的一个重要组成部分。资金来源可以是自筹的，也可以是多家联合的，还可以是与场地出租方、饮食服务方、播出平台方等合作的，一般由制片主任控制预算的落实。所有部门的报销单据要经当事人、部门负责人和制片主任签字。剧组购买的实物要由制片部门验收、登记。会计协助制片主任管理摄制资金，负责剧组工作人员酬金的按时发放，建立剧组账目并接受审计。

（二）组织督促拍摄制作

制片主任与执行导演或指定的副导演一起协商，编制拍摄计划，并要在拍摄期间克服各种困难，采取一切措施保证计划按时完成。如果拍摄期间出现足以影响原定计划的意外情况，制片部门就要尽快安排可执行的替补拍摄方案，并组织人员尽快解决困难，必要时向投资方汇报求助。尽量不停工，否则，即使停工期间也要支付演员费、场地费、设备费等各种费用。

（三）拍摄条件

为了保证每日的拍摄按计划进行，制片部门要提前为拍摄做好准备，这也是策划工作的重要组成部分。其中包括提前联系场地、了解天气、合理搭配内景和外景以及日戏和夜戏的工作量，解决拍摄过程中出现的各种临时性的问题，如装卸器材和物资，维护现场秩序，检查安全措施，接送演职人员，调动车辆和员工等。

（四）安全管理

安全管理包括人员安全、驻地安全、场景安全、交通安全、器材安全、饮食安全、经费安全、健康及其他安全等。无论 VR 影片还是 VR 电视节目的拍摄，工作量都比一般电影或电视剧、电视节目的工作量大，包括健康管理在内的安全管理也是一个重要问题。

（五）后勤管理

摄制组的后勤保障工作既烦琐，又重要，也需要提前做好相关的策划工作，包括餐饮、住宿、交通等方面。饮食供应可采取灵活的方式，如包餐、订盒饭、聘请厨师自己做饭等，具体可根据拍摄需要确定。随着影视产业化的发展，越来越多的剧组以多种灵活方式解决食宿交通等问题，比如与宾馆合作解决剧组人员的住宿并以植入广告、贴片广告或片尾挂名等方式，进行宣传回报或分成。目前，VR 拍摄在业界越来越被人看好，很多影视剧组认识到 VR 对用户的号召力，通过制作影片的宣传片等方式进行宣传与互动，取得了良好的宣传效果。

三、后期制作中的主要策划工作

后期制作是保证影视作品质量的重要步骤，也是编导工作的重要一环。鉴于 VR 对于技术的要求比普通影视还要高得多，VR 后期也应该更受到重视。

（一）剪辑画面和对白

在后期阶段，首先要对画面进行剪辑，这项工作需要总体策划。优秀的剪辑师不仅要充分了解剧本中的思想内容和主题，还要知道“言外之意”“蕴外之旨”，并运用一定的技术手段对拍摄素材的视听元素进行组接，实现创作目的。剪辑一般分为两步：粗剪和精剪。粗剪不仅是技术活，也是一项创造性工作。对于VR剪辑来说，除了要考虑叙事功能的完成，还要考虑视角、沉浸感、交互性等问题。剪辑师要运用蒙太奇思维，通过画面的组接创造最佳的叙事效果。粗剪完成后再进行精剪。如果说粗剪是完成叙事框架的过程，那么精剪则更考验剪辑师的功力，尤其是对白和演员情绪的组接，需要非常细致的工作才能确保叙事质量的提升。

（二）录制声音

录音对于影视后期来说也是必不可少的，一般为三个方面：对白、音响效果、音乐。录音师要在导演的指导下对声音效果进行整体设计与策划，确定影片的声音效果，并确定录音工作方式是同期录音还是后期录音。如果采用同期录音，则在拍摄的同时完成对白和音响，优点是真实，台词也可根据场景、叙事和演员情绪灵活把握。如果现场录音效果不理想，就要到后期进行补录。

（三）混录与特效

混录合成是将影片中的所有视听元素按照其应有的位置和效果进行混合录制，形成影片的基本面貌，并将字幕、片头、片尾、特效等制作完成。字幕主要包括片头和片尾出现的演职员表，剧中人物的对白、独白、旁白，还有片尾的落款、致谢、广告等。特效的合理运用能够提升影片的叙事效果，尤其是VR，更离不开特效。

对于3D建模的VR来说，尽管早期省去了拍摄的麻烦，但后期步骤不能减少，有些步骤的技术要求比实景拍摄的VR的后期制作更高。

第四节　VR策划与编导动机及其应用

艺术创作与技术创造有同有异，相同之处在于，都是主观反映客观并为人服务的过程，也都是主创人员、游戏编创者、技术设计者的动机实现的过程。在VR创作的过程中，一般由一定的创作动机推动着创作过程的完成，表现出不同的动机。

一、娱乐

纽约大学教授尼尔·波兹曼在他的代表作《娱乐至死》中指出：我们的政治、宗教、新闻、体育、教育和商业都心甘情愿地成为娱乐的附庸，毫无怨言，甚至无声无息，其结果是我们成了一个娱乐至死的物种。[1] 在如今自媒体、微媒体十分普及的情况下，每个人手中都有智能手机，还有 iPad、iPod 等其他类型的移动终端，各种各样的娱乐方式每天都霸占着人们的视听感官，对网络及视听作品的需求呈现出自发性、主体性增强的趋势，其普遍特点是不再满足于只是被动地“看”或者“听”，而是希望主动参与片子的剧情之中。可以说，VR 的诞生，既是视听技术发展到今天能够满足人机交互的客观需要，也是文学艺术发展到当今满足人们心理的主观表现，使用户实现了通过屏幕主宰世界的愿望。

（一）在游戏中主宰世界

VR 的迅速发展，很大程度上来源于人们对电子游戏的热爱。“人生不如意事十之八九”，在电子游戏的虚拟世界里却能使用户暂时忘掉现实生活中的种种不如意，人们平时难以实现的内心遗憾得到弥补。众多网友成为 VR 发烧友，通过战略部署、扮演角色、购买装备、参与行动等操作，使自己成为游戏世界里的主宰，这是推动 VR 迅速发展的重要力量之一，也是促使 VR 走出实验室、走向大众市场的重要因素。一些商业中心开设了 VR 游戏厅，大量的 VR 一体机开始销售，使 VR 与大众之间的距离越来越近。

（二）在沉浸感中享受人生

人生是有限的，对文艺的爱好却能拓宽生命的厚度，使人生变得多姿多彩。很多网友有自己极致热爱的娱乐形式，比如游戏、音乐、户外活动等，VR 则是一个绝佳的表现手段，能够使人在身临其境的感觉中体验实现自我的感觉。

比如网友录制的《自制钢铁侠盔甲至自动开合头盔篇》，记录了一个发烧级的钢铁侠迷自己制作钢铁侠头盔的过程，这个头盔能自动开合，方便操作，片头“因为热爱”四个大字非常醒目。主创作为电影《钢铁侠》的影迷，十分崇拜钢铁侠这一标准的美国式超级英雄，他惩恶扬善，让普通人的超越生活的梦想得以实现，引发无数影迷的喜爱。

与蜘蛛侠、蝙蝠侠等其他超级英雄相比，钢铁侠的超能力不是意外获得的，而是在自己遭遇危机的时候，通过自己的努力创造出来的，体现了人在绝境中爆发出的无限能量，这种情节的呈现与转折不但给钢铁侠的人生创造了新的希望，也激发了用户对困境中存有希望的无限憧憬与期待。影迷对主人公的热爱，是以各种方式表达出来的，并且网友自己拍摄、剪辑，展示了自己向钢铁侠的致敬。影片中不仅各种镜头语言的运用非常丰富，镜头推拉切换的转换也非常灵活，而且通过对沉浸感的坚持和坚守表达了自己对原版影片的热爱，也是网友在 VR 中享受人生的一种特殊方式。

（三）热点事件与思想浪潮紧密结合

如今媒体时代，信息传递渠道多样化，传播速度也非常迅速。世界不再是整齐划一的，而是越来越丰富多彩，人们都站在不同的立场，通过不同的视角，产生不同的思考，表达不同的观点。随着“全球化”逐渐成为事实，VR 也逐渐走出了实验室，在成为各个行业

1. [美]尼尔·波兹曼：《娱乐至死》，章艳译，广西师范大学出版社，2004 年版，第 1 页。

的应用工具的同时承担起了更重要的角色，越来越生活化、大众化。社会上发生的和大众聚焦的热点事件，都可能会被人们用 VR 的方式表现出来。

爱情是文学艺术的永恒主题，古今中外的许多经典作品都是有关爱情的，还有很多经典作品虽然不是爱情作品，也都离不开爱情。如今，爱情也进入到 VR 创作之中，2019 年 12 月 29 日，爱情题材 VR 影片《最佳前女友》杀青，“影片讲述了一场跨空间的奇幻爱恋。爱情清算师苏甜甜有目的性地接近徐泽，试图通过恋爱迷惑他并获得巨大利益。不料，在相处的过程中，甜甜慢慢爱上了徐泽，也得知暖阳工作室采用 VR 技术让痛失挚爱的人得到安慰。徐泽却在此时得知甜甜的真实身份，两人不欢而散，而幕后玩家水笙也介入了这段感情”[1]。该片导演兼编剧杨锋说，这是他首次尝试科技类影片，借助于 VR 技术，戴上 VR 眼镜便可以触摸到思念已久的人，为观众打开了全新的“视界”。

二、广告

商业赢利是 VR 策划与编导的另一个主要创作动机，这一动机是部分 VR 应运而生的原因，也是文化艺术市场运作的一种现代化模式。VR 应用于广告，强有力的营销方式成功地吸引了人们的眼球，随着越来越多的品牌开始用 VR 进行推广，VR 的广告魅力也越来越得以呈现。

（一）明星代言

2017 年 8 月，耐克与周冬雨合作的 VR 广告《心再野一点》片长只有 4 分钟左右。该片以全景视角进行叙事，从周冬雨在练功房挥汗如雨开始，把她从零开始成长为金马影后

1.《聚焦 VR 高科技 爱情电影〈最佳前女友〉杀青》，中国新闻网，2019 年 12 月 27 日。

的心路历程呈现出来。背台词，海选，从 6000 人中脱颖而出并在街道上全力奔跑，伴随着“每一次的成功，都源于不放弃”的台词，通过自然而然的故事情节表现了耐克产品的性能。通过 VR 技术，观众可以看到周冬雨的表演，以 360° 的全景方式，使观众近距离观看周冬雨的每一个动作、每一个表情，感受她的喜怒哀乐，见证她的成长与成熟。最后，周冬雨终于穿着耐克服到达了终点，带着清新真挚的笑容站在了观众面前，耐克产品也超越了服装和鞋子的原有意义，产生了强大的市场感召力。

（二）赠送头显

VR 眼镜盒子 Happy Goggles，是麦当劳公司于 2017 年向用户推出的一种礼物，也是麦当劳的一种特殊广告。当用户吃完“开心乐园餐”后，可以把套餐包装盒折叠成跟谷歌 Cardboard 一样的眼镜盒子，然后用手机下载一款 VR 应用，并把手机放入这个 VR 眼镜盒子中，就能在 VR 中体验娱乐的快感。这个麦当劳 VR 广告的特点是不仅向用户提供了虚拟现实的体验，还从线上转到了线下，为消费者带来了简便的入门级 VR 产品。

（三）增强体验感

2018 年春天，欧莱雅为旗下勇气主题香水“Diesel”做的 VR 广告“Only The Brave”，向用户提供了神奇的高空体验，被称为“经典的 VR 营销案例”。当用户戴上 Vive 眼镜时，就会发现自己站在纽约高楼的墙壁外，脚下是几百米的高空，必须有足够的勇气才敢沿着墙壁走过各种障碍，也才能拿到欧莱雅 Diesel 香水。为了营造出极致的逼真体验，这个 VR 广告还在用户的脚上绑上 Vive 手柄，用 Leap Motion 进行追踪，一旦失足，就能真正地感受到“踩空了”的感觉。逼真的沉浸感是这个 VR 营销的最大优势，用户因为害怕而对产品形成了深刻的印象，感觉它如同是用生命换来的香水，令人忍不住产生了花钱购买的冲动。另外，沃尔沃为 XC90 做的 VR 试驾体验广告片、宝洁和阿里 VR 实验室联手推出的《我的 VR 男友》《我的 VR 女友》等，也都为用户提供了逼真的体验感，取得了良好的营销效果。

简而言之，VR 在商业营销领域的成功运用，是与一批顶级品牌的推动密不可分的。这些品牌有比较固定的受众群体，又受到 VR 技术的吸引，从而更好地推广了品牌的精神与内涵。

三、行业应用

把 VR 技术应用到各行各业，是推动其发展的另一个重要因素。VR 在 20 世纪起源时，主要用于军工仿真器的研发，21 世纪初拓展到了民用的电子游戏，然后才逐渐发展到了广告、社交、教育等领域。从 2016 年“VR 元年”以来，VR 在各行各业均得到了应用，呈现出“百花齐放”的状态。

由于 VR 技术的引入，可以促进工程、教育、培训、医疗等行业效率的大幅提升。据“IT 桔子数据”，2019 年 1 至 9 月，国内 VR 领域共实现 16 起融资事件，其中企业级服务领域有 9 起，占比达到了 56%。另据媒体报道，在 2019 年的 F8 大会上，Facebook 推出了全新的企业 VR 解决方案“Oculus for Business”。这个 VR 解决方案是专为大规模部署的整体化企业级方案，包含此前的软件套件，并提供设备管理工具、企业级服务和技术支持，甚至还为企业提供开发流程指导等。

在 4G 时代，VR 技术的应用存在一些尚未克服的弊端，比如用户体验感差、计算能力有待提升、头盔沉重等，阻碍 VR 的商业化应用和市场发展，这些问题正在被攻破。5G 技术的商用，将为 VR 插上无形的翅膀。专家分析认为，5G 时代 VR 产品的延迟性将减少到原来的十分之一，网络效率提高 100 倍，VR 的运行速度达到令人满意的程度。同时，从计算能力、产品应用领域等因素看，“5G+VR”模式的优势越来越被人们认可，对内容的需求也将日益增加。

总之，VR 的发展与创作主体的创作动机是分不开的，凭借用户对视听媒体的需求及对沉浸感、交互感的喜爱，VR 的发展空间越来越大，这一趋势又给了视听媒体、移动终端、网络平台更多的活力，也在创造出更多的价值。

第五节　VR 策划与编导应用案例

歌德在《浮士德》中写道：“理论是灰色的，只有生命之树常青”。通过实际案例对抽象的理论进行理解，是常规的途径。为了便于读者理解，本节结合淘宝 Buy+的 VR 应用为例，谈一谈 VR 策划与编导的实际问题及 Buy+给用户带来的改变。

一、需要一副 VR 眼镜

淘宝的 Buy+视频在网络上线以后，在当时极大地促进了 VR 眼镜的销售，比起此前推出的游戏、影视、教育等应用，覆盖人群成倍增长，一是因为人们对 VR 眼镜的好奇心，二是因为购物对于人们来说是刚性需求。

二、需要适当的配件

适当的配件可提升用户的体验感，比如在一台高配置、高分辨率的笔记本电脑或智能手机上安装陀螺仪，屏幕分辨率可达到 1920 像素 ×1080 像素以上等。如果能有交互的手套、遥控的手柄，效果会更好。

三、需要相应的 3D 内容

行业人士认为，3D 的好处显而易见，3D 是最接近真实的虚拟表达方式，以前需要很多图片和文字才能描述清楚的商品，现在一个 3D 展示就能一览无余。3D 内容是 VR 发展的基础，是整个 VR 产业面临的主要问题。以 Buy+为例，主要包括两种内容。

一是实体店的场景内容。比如纽约第五大道、巴黎香榭丽舍大街、香港铜锣湾、上海南京路等，都可一览无余地呈现出来，让人有身临其境的感觉，使用效果逼真，操作起来也很简便。至于说寿命有多长，则要看平台维护的成本及用户的满意度了。

二是产品内容。正如淘宝在网上公开的视频里所说，Buy+面临的最大挑战是如何把 10 亿件商品变成 3D 模型，既需要 ISV（独立软件开发商）的巨大投资，又需要源源不断的维护运营成本，更离不开淘宝的广大客户。

具体到淘宝产品的 3D 内容建模问题，当时讨论的可行办法主要有以下几种：第一是手工建模。根据产品的图片，由专业建模人员建立产品模型。这种方法最好操作，只需提供产品图片，不需要产品实物，但是制作成本太高。第二是通过一组照片合成 3D 模型。这需要产品实物，对拍摄的技术要求比较高，一般人很难掌握，商家的技术也可能达不到建模的要求。另外，当时技术还实现不了全自动傻瓜式建模，需要人工修补和调整模型，并且合成出来的模型的真实感不如人工建模。第三是通过扫描仪三维扫描重构。这跟照片合成类似，操作起来更容易，精度更高，但扫描设备和场地成本较高，同样无法实现全自动扫描建模，需要人工处理。

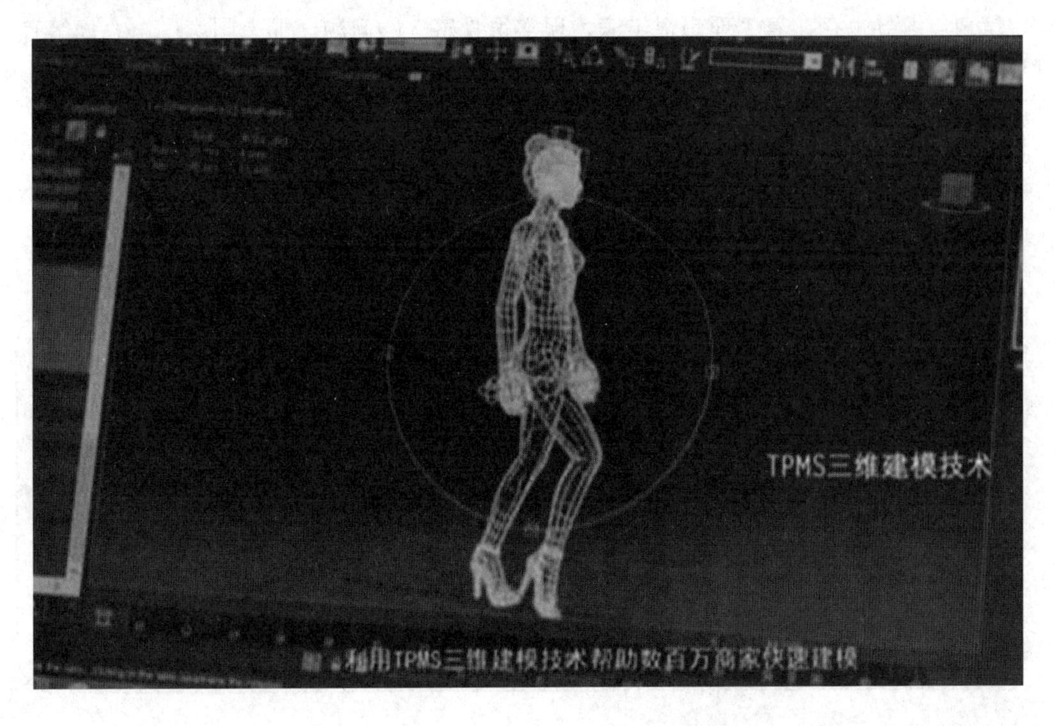

上述的几种方法对于一般的产品而言，基本可以满足建模要求，但对于淘宝来说，却不太能满足占比最大的服装类商品尤其是女性服装的要求，衣服的质感是柔性的，花纹图案比较复杂，3D 模型很难体现出完全逼真的感觉来。这就是为什么视频里面选用内衣而不是裙子，相信 Buy+的 VR 策划与编导们是经过考虑及比较才进行制作的。据称，全世界研究虚拟试衣的机构很多，真正满足需求的并不多，关键的问题在于真实感不够。

另外，3D 内容的创建对于商家来说会产生额外的成本，投资是否能追加、在不追加投资的情况下能否实现 3D 内容的创建等，都存在不确定性。

四、交互式体验

Buy+对交互式体验的规划很好，但实际情况怎么样要靠用户自己评价，至于“触觉体验”之类，更是任重而道远。因此，业内人士基于以上对硬件和内容的分析进行了如下的估计。

> Buy+实现购物场景和网店商品的 3D 化，可能需要 5 年；实现类似于虚拟试衣的互动体验效果，可能需要 10 年；实现淘宝网上公开视频里描绘的 90%的应用场景，可能需要 15 年。还有一种可能，那就是 3 年或 5 年后市场反响不佳，项目被迫叫停。

时间推移到了 2019 年，事实验证了业内人士的估计是正确的。“窥一斑而知全豹”，VR 策划与编导也存在着“理想很丰满，现实很骨感”的问题，加上国家广电总局等有关管理部门公布的网络管理、视频管理、内容导向等各种政策可能会变化，都或多或少影响到了 VR 的策划与编导。

思考与练习

一、VR 策划与编导的主体有哪些？请分别举例说明。

二、如何理解 VR 策划与编导主体的主导地位？

三、请从众多 VR 作品中任选一部，谈谈策划与编导主体在策划、编导、制作过程中的主导地位。

四、VR 创作的动机有哪些？请结合典型作品进行简述。

五、VR 的用途表现在哪些方面？请结合具体情况进行阐述。

第五章 VR的传播与管理

【本章导读】

本章在VR硬件发展尚不充分、显示效果尚不理想的今天讨论VR的传播与管理，带有某种“未雨绸缪”的性质。本章讨论了VR传播与管理的必要性，列述了VR传播的现状及各类典型VR产品的传播情况。自媒体时代为VR的传播提供了更多的平台与更大的可能性，在此基础上对VR传播与管理中存在的问题进行了分析并提出了建议。

第一节　研究 VR 传播与管理的必要性

一、从艺术理论的角度

马克思主义艺术生产论认为，艺术生产、艺术作品、艺术消费（传播）是一个完整的过程，这个理论观点“从根本上克服了以往艺术理论脱离艺术实践的大毛病，克服了主要从静止的观点、主要从创作成果（作品）去看问题的缺点，而是更把艺术当作一个感性活动过程来考察”[1]，在这一过程中，艺术生产、艺术作品、艺术消费与传播之间是缺一不可的。假如没有传播过程，做完 VR 不能成功投放市场，不能被用户使用，就如同小说写完不出版、电影拍完不上映、话剧排好不演出一样，只是一种自娱自乐，就无法实现其社会价值和经济价值。从这一角度说，艺术生产与艺术消费（传播）是一体两面的关系，缺一不可，而消费者的消费与传播者的传播，都需要一定的平台和路径，因此需要研究 VR 的传播与管理问题。

从 VR 生产过程的角度看，把艺术活动看成一种生产就像人人都能参加物质生产一样，只要经过必要的训练，具备一定的素养，掌握相应的技能和技巧，任何一个心智正常的健康人都有可能使自己变成一个艺术家。[2] 马克思、恩格斯正是以艺术生产论为依据，设想在未来的社会里每个人都有机会充分发挥自己的才能，即使不以写诗、画画作为职业，仍然可以创作出优秀的诗歌，绘制出优美的图画。马克思、恩格斯的这一设想，如今在微博、微信及各个微视频平台都已成为事实，VR 尽管由于技术、设备、价格等原因尚未真正走向大众化，但借助于不断攀升的技术水平和正在普及的 5G 网络，VR 最终会在大众中越来越普及，因此需要对 VR 的传播与管理进行研究。

二、从 VR 策划与编导主体的角度

VR 生产需要成本、技术、时间、精力，如果生产完成后无法按期传播或者传播渠道不通畅，一方面可能造成产品积压、资金周转不畅；另一方面可能无法实现传播目的和后续的生产任务。

---

1. 何国瑞：《艺术生产原理》，人民文学出版社，1989 年版，第 69 页。

2. 陈定家：《马克思主义“艺术生产论”的当代意义论略》，傅腾霄、周忠厚主编：《全国马列文艺论著研究会第十八届学术研讨会论文集》，中国人民大学出版社，2002 年版，第 486 页。

以2019年圣诞节期间单周热卖200万美元的游戏《燥热》VR版为例，这是一款叙事质量、视听效果、沉浸感都相当不错的作品，从2016年推出后陆陆续续登陆了主机平台和VR平台。当用户停止时，时间也会停止，这是《燥热》叙事方面的重要特点，因此用户需要仔细观察游戏中敌人的布局，然后找出自己的生路。敌人人数比用户多，火力比用户猛；而用户是孤身一人，要借助死去敌人的武器去射击，并在低速移动的密集子弹之间艰难前进。这款游戏虽然发端于2016年，却直到2019年才在VR市场形成热点。对于VR策划与编导的主体来说，从策划、编导到制作、测试、上市，周期越短越能尽快把作品中蕴含的思想内涵传达给用户，也才能尽快收回成本，获取利润。

从理论上说，“一部好的作品，应该是把社会效益放在首位，同时也应该是社会效益和经济效益相统一的作品。”从实践上说，“当两个效益、两种价值发生矛盾时，经济效益服从社会效益、市场价值服从社会价值”，这是包括VR主创在内的所有文艺策划创意制作人员都应该铭记在心的，也是确保节目正常传播并取得良好传播效果的基础。

三、从VR策划与编导客体的角度

VR及所有文学艺术作品都是主体作用于客体、主观见之于客观的产物，VR策划与编导的客体作为被主体反映、表现、作用的对象，涉及生活、工作、各行各业的方方面面，投资大，工期长，设备昂贵，技术含量高，研究其传播与管理是降低传播风险、实现传播目的的重要保证。

如果VR影视、游戏、广告等策划制作出来后不能投放市场，成为少数人自我赏玩的工具或者只能躺在计算机里，无法实现其商业价值或社会价值，浪费的不仅有时间和精力，还有投资无法收回，更谈不上赢利，所谓的生产也就失去了意义。而如果VR行业产品生产出来后却不能传播，除了浪费时间、精力和投资以外，还会因无法实现VR行业产品策划、编导的目的而影响相关行业的发展。

可见，对VR的传播与管理进行研究，与对VR的策划与编导进行研究的目标是一致的，是同一个问题的不同环节。

第二节 各类VR的传播及其现状

来自媒体的数据表明，截至2018年，“我国VR市场的潜在用户规模已达到了2.86亿，其中接触或体验过VR的用户约有1700万，而真正购买过VR设备的用户则有96万”。VR策划与编导，是为了使VR作品更好地传播。如果策划与编导的VR作品无法得到有效传播，不仅意味着浪费大量的人力、物力和财力，而且意味着策划与编导的失败。可见要研究VR策划与编导，必须要研究VR的传播。

常见的 VR 传播平台可分为线上和线下两大类，线上有各个 VR 机构的官网、门户网站的 VR 视频平台、商家的 VR 推广网站等，国内比较领先的有优酷 VR、3D 播播、爱奇艺 VR、UtoVR 等；线下则有各个 VR 产品的实体店、博物馆和科技馆等的 VR 体验区、各个单位与部门宣传窗口的 VR 频道等，包括一些党政机关、文化部门、事业单位也都在尝试借助于 VR 技术及其传播效果提升产品与服务的知名度。

传统的传播理论强调要有好的内容，在传统的传播理论中，传播要素有 WHO（谁传播）、WHAT（传什么）、TO WHOM（向谁传播）、IN WHICH CHANAL（通过什么渠道传播）、WITH WHAT EFFECT（取得了什么效果），其中“传什么”被认为是非常重要的。随着传播学理论的发展，越来越强调传播过程中的反馈与交互元素，而交互恰恰是 VR 最大的优势，也就注定了 VR 必将在传播内容队伍中拔得头筹。如今，VR 界有一个观点，“技术即传播”，好的 VR 技术本身就能够自行传播，这一观点之所以能站得住脚，也离不开 VR 的交互性。

一、广告类 VR 的传播

广告类 VR 的传播，是国家文化创意产业重要的组成部分之一，也是 VR 传播的“重头戏”。自从 2016 年“VR 元年”以来，几乎所有商品品牌、新拍影片都试图借 VR 或 AR 的东风，通过做广告或宣传片进行传播。如果在新片进行“路演”时不拍一个 VR 片，或者举行宣传活动时不加入 AR 展示环节，就可能被认为落伍了。广告类 VR 的传播，一为扩大产品或服务的影响力，二为展示产品的性能或服务的特点，三为赢得更多的用户。

（一）电影宣传片

2016 年 5 月 20 日，电影《愤怒的小鸟》在全球上映前，《愤怒的小鸟冲冲冲》手游于当年的 4 月 28 日推出，受到众多网友的青睐。《愤怒的小鸟冲冲冲》不只是电影手游，其特点是内嵌增强现实 AR 游戏，可与电影《愤怒的小鸟》互动。据称，Rovio 推出的这款新作和电影都含有黑科技的成分，用户通过游戏内置的扫码工具扫描特定的小鸟密码，激活后，就可体验其中内置的包括跑酷小游戏等在内的多种 AR 游戏，还可和游戏中的角色合影等，借助于 AR 技术对现实的增强，使用户与片中角色在照片中融为一体，在体验 AR 新奇感的同时体验交互的魅力。不仅如此，《愤怒的小鸟》电影还和《愤怒的小鸟冲冲冲》手游联合发布了一款特别版关卡，这一关卡必须在电影院内通过电影音频才能解锁，并且只有在解锁后才能看到神秘的新电影片段，借助于虚拟现实技术的强大传播力，取得了良好的宣传推广效果。

（二）新产品推广

2015 年 12 月，手机行业首次使用 AR 技术对新产品的性能进行传播和推广，当时，金立公司发布了新品 M5 Plus。在发布会现场，金立公司大胆采用了 AR 技术展示产品性能，用三维立体的形式把新手机展现在大众面前，配合 AR 的交互性和动画效果，十分形象和逼真，比采用 PPT 讲解的效果好得多。

2016 年 2 月，三星公司的 Unpacked 2016 新品发布会上，每一位参会者都可佩戴 VR 眼镜观看 360° 发布会全景，不仅能体验事先制作好的展示新产品性能的 VR 视频，还能直接体验 VR 直播。在本次发布会上，Facebook 首席执行官马克・扎克伯格现身，谈及虚拟现实的未来，令当时在现场的嘉宾与记者都感到了震撼。

（三）游戏作品宣传

2015 年 9 月，腾讯在北京宣布成立全资子公司腾讯影业，发布会上宣布将以联合出品方的身份参与传奇影业的电影项目《魔兽世界》。2016 年 6 月，《魔兽世界》电影上映，为了让大家身临其境地体验艾泽拉斯大陆上暴风城的雄伟壮丽，传奇影业特别推出了一个 1 分 21 秒的 360° 全景 VR 视频，作为该电影的宣传片，可以通过传奇影业官方的 VR 应用、Youtube 的内置 360° 视频浏览器或 Google Cardboard 的 VR 浏览器观看。在此片中，用户可以驾驭狮鹫首在暴风城的上空翱翔，用鸟瞰的方式从各种角度来欣赏这座伟大城池的各个角落，而这座城市是艾泽拉斯大陆最知名的首府之一，给用户带来超级视听体验。

（四）其他商品宣传

2016 年 4 月，宝洁公司的天猫海外旗舰店借助于 AR 技术推出了创意新玩法，与聚划算联手在北京世贸天阶举行了聚划算“传送门”活动，为消费者搭建了一条通往世界各地的“传送门”，用户只要推开门，就能置身于逼真的异国环境。据媒体报道，本次活动设置了英、美、日、德、澳五国传送门高科技体验，并安排了网络红人到现场进行直播，通过线上实时播报和线下互动体验，全方位展示了高科技，为线上购物带来新的突破，用户可以通过 AR 技术体验樱花大道的浪漫和慕尼黑啤酒节的热闹，与西部牛仔合影，向英国皇家卫队学走英式军步，与澳大利亚土著跳草裙舞等，丰富生动，新鲜有趣。在体验完异国风情后，消费者还能得到一款产自当地的海外产品，有效降低了产品实物与预期的偏差，用户的体验得到大幅提升。

二、VR 影片的传播

（一）VR 影片传播现状

VR 影片由于受到技术的影响，目前尚未大量进入电影院，而且有学者从 VR 影片传播特点的角度提出，VR 最好借助于博物馆、科技馆、文化馆等功能性的机构进行传播。实际上，VR 并非不可能独立传播，在几年前的电影节上就已经独立设置了 VR 单元。

根据学术文献及媒体新闻，第 74 届威尼斯电影节于 2017 年 8 月 30 日至 9 月 9 日举行，“首次将 VR 影片确认为一种全新的电影艺术类别，成立了 VR 竞赛单元”[1]，被称为是世界上最早设立 VR 竞赛单元的电影节，标志着 VR 影片作为独立的艺术形式被业界认可。此次 VR 单元评出了包括“最佳 VR 影片”“最佳 VR 影片故事”“最佳 VR 体验”等奖项[2]。中国台湾导演蔡明亮导演的 VR 影片《家在兰若寺》，是四部华语片中唯一的真

---

1. 罗婧婷：《VR 影片的媒介特性与传播策略探析》，《出版广角》，2019 年第 12 期，总第 342 期。

2. 在本届威尼斯电影节上其他影片的获奖情况：Eugene YK Chung 的《阿尔丁的苏醒》获得“最佳影片奖”，劳瑞・安德森、黄心健的《被搁置的摄像机》获得“最佳体验奖”，金镇雅的《冷血》获得“最佳故事奖”。

人实拍影片，片长约 55 分钟，正式亮相后广受好评。电影情节很简单，影评人士表示，《家在兰若寺》虽然要戴上 VR 头盔才能观看，但依旧是一部“非常蔡明亮”的电影，固定机位、极少场景、凝固的空气、长镜头的运用。全片 14 个长镜头，大约就是李康生 10 分钟泡澡，10 分钟理疗，10 分钟痴笑，再加 5 分钟锄地和 5 分钟吃饭……本届电影节主席阿尔伯托·巴贝拉称，“单独开辟竞赛单元、单独设立展映场馆、设立独立的观摩与评审体系，是为了见证并支持 VR 这项新艺术”。《家在兰若寺》剧情虽然简单，但对于 VR 的发展与传播来说却具有开创意义。

（二）VR 影片传播的思考

从视觉接受的角度说，电影传播史一直伴随着屏幕大小的变化，从爱迪生和卢米埃尔兄弟的笨重设备只允许单人单次观看，到后来随着设备越来越轻便，屏幕也在逐渐发生变化，从小到大，再从大到小，屏幕比例也在不断适应用户的审美需要，从传统电影屏幕的 4∶3 到超宽银幕的 2.35∶1，屏幕变大能为受众带来了更开阔的视野、更宏大的场面；随着电视成为“客厅艺术”，家庭式小屏幕给人带来了便利；再到后来，随着移动互联网和智能手机的发展，到如今极度优化、简便的小屏幕，使人人都能拥有，使人人都能沉浸在 VR 影片中，虚拟现实技术使影像空间破除了“电影画框”的概念，让观众通过 VR 头显设备看到 360° 的全景影像，为观众提供了随时随地都可进行传播的全景空间。

从用户的沉浸感来谈 VR 影片的传播，除了依赖视觉信息之外，听觉信息也是不可忽略的。换言之，VR 影片为了更好地满足用户沉浸其中、身临其境的审美需求，除了视觉方面实现了全域覆盖之外，还能运用跟踪技术对 VR 影片的声音空间进行精确定位。“灯塔（Lighthouse）的最早原型是在 1989 年被提出的 Minnesota Scanner，其原理是利用扫描激光面对空间进行编码进而对物体进行跟踪，基于相似的原理，有些人做了改进，应用到了消费电子和其他领域当中。”[1] 这种技术在 VR 影片中得以被重新运用，为了让用户在听觉上获得“在场”的感觉，VR 影片在使用灯塔定位技术实现声音模拟与环绕效果的同时，还利用它建立了两个坐标参考系统，使用户在现场除了能接收到头戴式耳机里随着头部转动而产生相应变化的声音，也能接收到影院里安装的其他拓展空间的音响，确保用户观影时的沉浸感。

（三）VR 影片传播的优势与劣势

VR 影片传播在视听方面的以上特性，使用户改变了传统电影传播过程中时时刻刻都能感觉到的媒介的存在。VR 影片的传播是在观众的互动参与中完成的，视听方面的全域感、交互性，使参与其中的用户对情节内容的主控权增强，360° 场景给用户提供了仿佛置身其中且“感觉不到媒介存在”的可能性，“终极目的是完全接管人体所有的感知器官，然后通过计算机模拟的方式去反馈，让使用者具有强烈的沉浸感和临场感”，如今，这一终极目的已经实现了，并已成为 VR 影片传播的巨大优势。

但 VR 影片的传播也有劣势，以拍摄的而非建模的 VR 为例，第一，由于 VR 摄像机的特性，按照目前的拍摄情况，VR 摄像机与被拍摄物体之间至少要相距 1.2 米，不能像普通电影那样通过拍摄特写镜头使人物的情绪、情感得以显现。第二，即使未来的 VR 技术克服了这一缺陷，由于 VR 为用户提供了自主选择观看画面的控制权，可以选择观看全域画面中的任何一部分，被拍摄对象在 VR 镜头里不可能充满整个视域，致使 VR 影片在细节展示方面比不上普通电影。第三，普通影视在拍摄时，拍摄视角也都具有叙事功能，能够通过摄像机的俯视、平视或仰视表现出一定的立场态度，如果想表达被拍摄对象的渺小或者想表现蔑视的态度，就可以把摄像机架在高处，用俯视镜头；反之，如果想表达被拍摄对象的崇高或者想表现仰视的态度，就可以把摄像机架在低处，用仰视镜头。通过画面表现丰富的情感，收到“此时无声胜有声”的美学效果。但 VR 采用 360° 成像，没有遮挡，等于是在拍摄、制作、合成时把导演、摄像师甚至剪辑师的视角都隐藏了起来，导致的后果就是每个场景由一个镜头完成，镜头与镜头之间的组接不像普通影视那样普遍，蒙太奇的优势不能充分展现出来。

三、VR 电视节目的传播

（一）VR 电视直播概况

2020 年 1 月 14 日，中央广播电视总台 2020 年春节联欢晚会 5G+8K/4K/VR 创新应用

1. 钛极客：《HYPEREAL 宣布开源激光定位技术，不想让 VR 产业沦为“廉价代工厂”》，钛媒体网，2017 年 2 月 15 日。

启动仪式在北京梅地亚中心隆重举行，中央广播电视总台、科学技术部、工业和信息化部、国家广电总局以及三大通信运营商、华为公司等的相关负责人及媒体单位代表出席了本次活动。2020 年“春晚”首次应用首创公司的虚拟网络交互制作模式（VNIS），用户不仅可以通过央视频道客户端观看 2020 春晚 VR 直播和多视角全景式直播，还享受到了 5G、8K、4K 和 VR 等新技术带来的全新观看体验。

有学者考证，国内 VR 在电视领域的传播是从新闻节目开始的，“大致始于 2015 年人民日报制作的 9.3 大阅兵 VR 全景”[1]。2016 年，VR+新闻的模式得到了更多的应用，央视网用 VR 全景展示了“体坛风云人物颁奖典礼”，同年 9 月 15 日央视新闻频道在直播“天宫二号”发射的特别节目中，运用 VR 技术使主持人进入飞船的内部进行介绍，使观众更直观地了解了神舟飞船的情况。而到了 2017 年，电视媒体运用 VR 技术进行报道已非常普遍了。在当年的博鳌亚洲论坛期间，多家“国字号”媒体和企业，包括北京联合大学应届本科毕业生刚刚创办不久的公司，也有幸参与了博鳌亚洲论坛的 VR 直播，在使人感到后生可畏的同时，也深切体会到了 VR 给人们带来的独特传播效果。

在国外，被认为首次在新闻报道中运用了 VR 技术的是在 2013 年，美国的《得梅因纪事报》打造了首个解释性新闻项目“Harvest of Change”，是 VR 技术在美国新闻界使用的案例，该新闻项目隶属于美国报业集团甘内特报业，是该集团旗下的重要媒体。2015 年，《纽约时报》推出了“NYT VR”虚拟现实 APP，并为《纽约时报》的订阅用户免费提供了 100 多万个由谷歌开发的“Cardboard”纸盒眼罩，这一项目被认为是美国“VR+新闻”的正式起步。后来，《纽约时报》、美国有线电视新闻网（CNN）和英国广播公司（BBC）

1. 李亚利：《VR 技术在电视传播领域中的应用探讨》，载《视听》，2018 年第 10 期。

等媒体都加入了探索 VR 报道的队伍，尝试通过这种全景新闻带来的新感受来吸引更多受众，提升自身的赢利能力。2017 年 3 月，美国有线电视新闻网宣布正式成立了“CNNVR”（虚拟现实新闻部门），专门用于打造 VR 新闻。该部门以每周推出一期全景视频的频率成为业界的焦点，还不定期举行 VR 现场直播，让用户通过 VR 电视新闻产品在全球大事中体验到身临其境的感觉，获得了良好的传播效果。

（二）VR 电视传播取得的效果

1. 与受众的心理距离更为贴近

电视新闻报道在所有的电视节目中居于中心地位，对于收视率起着重要作用。电视新闻的时效性、体验感、民生性，是决定电视新闻节目的几个重要因素。在传统的电视新闻报道中，视听元素主要是图片、视频、音频等，形成的是二维现场空间。随着 VR 电视技术的推广，电视新闻的三维立体化成为可能，真实感大大增强，传播视角由惯常的第三视角变成了第一人称“我”的视角，使 VR 电视新闻与受众的心理距离更为贴近，同时对一些难以取材的现场进行模拟，使受众能更好地了解新闻事件。如 2015 年 12 月，新华社采用了 VR 技术报道了深圳滑坡事故救援现场，立体化展示了用传统摄像机难以拍摄到的救援场景，真实还原了搜救队员讲述的救援故事，以及后续哀悼仪式的情况等，受众通过智能手机、iPad 等终端进行操作，就可以获得如同在现场的真实感。2017 年，北京电视台用 VR 播出了某处火山爆发的过程，对火山爆发的震撼场面进行了模拟，并演示了火山爆发的原理，在传播新闻信息的同时很好地普及了科普知识。

2. 提升了综艺节目的吸引力

VR 在电视综艺节目中的传播与运用，使整个场景一览无余，在保证画面质量和声音效果的同时，更容易把用户的审美注意力集中在综艺现场，展现出 VR 技术能有效地调节气氛、调度全场的能力。因此，越来越多的电视节目开始使用 VR 技术，在带来新的视听效果的同时，也为观众营造了更加真实可信的演出氛围。在《中国新歌声》中，VR 技术为观众展现了一个细节，某歌手在节目中听到一首歌曲的高潮部分时，不由自主地随着节拍，脚尖点地，身体也跟着节奏摇摆起来，这是导演未做计划的镜头，使观众仿佛亲临舞台、亲眼看到。这种视觉体验是正常机位难以拍摄的，对受众的吸引力大大增强。再如，在明星演唱会中，借助于 VR 技术把已故歌手的演唱现场情况还原出来，实现其与在场明星的隔空对唱，展现了 VR 技术对综艺节目创新的重要作用。

3. 改变了电视直播的形式

在传统电视直播中，观众只能被动地接受而不能主动选择，VR 技术则打破了电视直播原有的单向信息传播模式，以“VR+电视直播”的方式为受众带来了沉浸式体验。目前，VR 在电视新闻报道、电视体育赛事等直播领域得到了广泛的运用，在 2019 年“两会”期间，几乎各个省区都采用了“VR+电视直播”对“两会”盛况进行了报道，以山东省为例，山东广电视觉科技联合中国华为、山东联通、北京联通、七维科技、当虹科技等团队，利用贝壳 VR 云平台进行跨平台运作，采取“VR＋5G＋虚拟特效”的直播形式，使“两会”直播更具多元化和科技感，共同完成了全国“两会”全景直播盛况，开启了“两会”直播新形式。

在体育赛事直播方面，2016 年的里约热内卢奥运会直播，被称为我国“首次采用 VR 技术进行的电视直播”，通过全景式的播报，不仅使受众立体化地体验到了每一场赛事的沉浸感，在家中卧室就能身临其境地体验赛场上的速度与激情，而且能通过 VR 镜头实现对赛事直播的调控和对镜头语言的调节，获得了全新的视听感觉。

如前所述，马克思主义文艺评论的标准是“美学的历史的相结合的最高的批评标准”“美学的”指作品形式，“历史的”指作品内容，作品的形式要符合作品的内容。电视作为“第一媒体”，如今不得不面对新媒体的冲击并寻求如何实现新的突破。VR 技术的运用为电视节目的创新与突破插上了翅膀。值得一提的是，“新技术的运用必须依托于独特的电视节目创作体系，使其能够与 VR 技术实现完美结合。每一种电视节目都需要具有独特的创作风格，创建起独特的品牌 IP。对电视节目而言，在进行制作的过程中，要充分考虑到 VR 技术的技术特点，对其传播特性和形态进行创新。”[1]

简言之，从影视类 VR 作品的传播看，VR 技术给影视策划、编导与制作带来的变化不是补丁式的，而是革命性的。VR 影视的传播比起普通影视来，也相应地有诸多不同。

1. 李亚利：《VR 技术在电视传播领域中的应用探讨》，载《视听》，2018 年第 10 期。

如果说普通影视的视听叙事是由导演完成的，摄像机的角度决定了叙事立场，并因仰视、俯视、平视表明了对影像中人物的态度，那么，VR 技术则把影视变成了导演与观众共同完成的过程。在普通影视中，观众被告知一个故事；而在 VR 影视中，观众不仅是观众，还主动参与建构一个故事，从而与普通影视的传播显出了本质的不同。

四、VR 游戏的传播

VR 游戏是 VR 行业最热门的话题之一，它的传播与发展一直备受关注。由于 VR 传播与接受的特殊性，通过亲身体验取得的效果才能更好，不能像其他作品的宣传那样可以通过视频或文字进行描述。这是 VR 传播的局限性所在。但 VR 游戏本来就是在体验中完成传播与接受的，这是 VR 游戏在所有 VR 作品中与用户，尤其是与个人用户关系最为密切的重要原因。

讨论 VR 游戏的传播，不能忽略技术因素。在传统的游戏中，用户通过屏幕进行观察、操作并完成游戏的剧情；而在 VR 游戏中，用户直接进入虚拟世界，看不见输入设备和媒体介质，与普通游戏有一定的差异，因此，VR 需从叙事策略、体验方法等方面进行总体设计与创新，才能保证有良好的传播效果。这一点被业内专家认为“恰恰是 VR 游戏的另一种竞争力，它可使 VR 开发更多独创的新型玩法和游戏类型”。

纵观电子游戏的发展，从最早的手柄游戏机、学习机，到小型游戏、PC 游戏、网页游戏、手机游戏，再到 VR 游戏，技术越来越发达，体验越来越真切，设计越来越人性化，为用户通过电子游戏排遣工作中的压力、生活中的不满、心理上的空虚提供了更好的方式。

目前国内 VR 游戏的传播手段有线下体验店和线上网络平台，从线下说，虽然体验店的数量在逐年快速增长，但对大多数用户而言，VR 还是陌生的高科技。从线上说，VR 游戏的传播既要受游戏内容与形式对用户产生的吸引力的影响，也要受技术、平台、网速、服务等其他相关因素的影响，其中，VR 游戏作品的技术、内容、形式是起决定作用的因素。

随着 VR 技术的发展、硬件的普及和价格的降低，未来 VR 游戏市场的传播将呈现更为快速增长的趋势。据行业预测，“到 2020 年，虚拟现实生态圈将初步形成，内容、服务等赢利模式逐步成熟，全球 VR 市场规模将达到 404 亿美元，VR 游戏市场规模将达到 149.5 亿美元”[1]，这一组数据是从市场规模角度预测的；另有高盛集团发布的一份名为《VR 与 AR：解读下一个通用计算平台》的报告，称“2020 年，VR/AR 游戏将拥有 7000 万人的用户规模和 69 亿美元的软件营收”，则从用户规模和软件收入的角度进行了预测。

1.《VR 游戏发展前景》，中国报告大厅网，http://www.chinabgao.com/freereport/78741.html, 2018 年 6 月 14 日。

第三节　VR 的传播主体

VR 作为新兴的以高科技为支撑的影视艺术形式，其传播主体与传统影视有巨大的区别，传播主体非固定化、传播渠道非单一化、传播目的非直线化等是其明显的特点。

一、传播主体的责任

创作无禁区，传播有纪律。VR 传播主体以及所有从事文艺创作传播的人员，都要认识到包括 VR 在内的文艺形式都是审美意识形态形式与产业形式的统一，不能为了赢利而放弃审美导向和教育价值，而要在创作和传播过程中实现社会效益和经济效益的统一。对于当前 VR 的传播来说，总体来说功能性和商业性用途大于娱乐性用途，更有必要强调创作与传播主体的责任，而创作主体与传播主体往往是一体两面的关系。

二、VR 传播主体的分类

（一）VR 游戏开发商

VR 游戏，被认为是“首个发展起来的消费者市场”。VR 游戏在 VR 技术发展中起主要的推动作用，VR 游戏开发商是 VR 传播的重要力量。尽管目前 VR 技术还存在与部分游戏操作方式不兼容的问题，而且在目前的技术方向上找不到便宜的解决方法，但对于 VR 本身来说，“技术、成本和普及度都不是真正的问题，因为随着技术进步，总有一天会降到白菜价”[1]。

以成都海豚互娱科技有限公司（简称海豚互娱）为例，该公司负责人在接受 ARinChina 采访时说，公司创立以来一直专注于 VR 游戏的研发，在策划过程中，为了避免与其他 VR 游戏内容的同质化现象，该公司注重较高品质的画面质量和深度的游戏玩法，在如何通过剧情实现对用户情绪的把控、如何通过改善技术提升用户的沉浸感等方面不断探索。她还列举了科幻电影的例子，从《普罗米修斯》《地心引力》到《星际穿越》，标志着科幻电影重归一线热门电影市场及越来越受到用户的欢迎，再到《火星救援》，更是将科幻题材做到了票房和口碑双丰收。公司因此受到启发，在 VR 游戏策划、开发过程中追求更真实、更可实际操作的电影般的体验，这就是“Mars Alive”等作品的出发点，它不同于市面上的轻度游戏，而是专门针对硬核玩家开发的，十分注重沉浸感和可操作性的 VR 游戏。

1. 汇智科技 016:《VR 游戏将会是首个发展起来的消费者市场》，新浪博客，2018 年 9 月 29 日。

近几年海内外盛行的科幻题材作品，包括引进科幻题材的电影、游戏在国内畅销，连中国国家地理频道也一直在播放火星科教剧集，可谓是热门主题。而“Mars”这个主题又恰好切合 NASA、SpaceX 的“火星移民计划”，因此，海豚互娱希望通过《火星漫游》这类市场上比较少见的游戏题材，从不同的端口切入用户、切入泛娱乐体系。需要强调的是，VR 技术始终是电子游戏最具有吸引力的元素，VR 游戏的沉浸感和代入感是一般游戏无法比拟的。这是 VR 游戏创作与传播主体在进行 VR 游戏传播推广时不能忽略的。

（二）影视专业技术人员

专业的影视公司和影视团队具有技术、专业、传播渠道等方面的优势，不但是普通影视作品的主要传播者，也是 VR 传播的重要力量。由于行业经验和专业技术等优势，由影视人员参与策划、制作的 VR 作品，一般而言情节合理，制作精良，往往能够取得成功并在 VR 的传播中起着引领作用。

网络媒体上的资料，为我们研究影视技术如何促进 VR 发展提供了案例。2015 年 6 月，Google 的 I/O 全球开发者大会上推出了一种能够拍摄三维影片的新型摄像机“Jump”。Jump 搭载有 16 个环形摄像机，能抓拍到场景中的每一个点，拍摄完成后，运用相应的软件就能将普通的连续性影片转换成三维影片。Google 免费发布了 Jump 的设计概念，晚些时候 GoPro 开始出售这款摄像机的全组装版本。2015 年 11 月，摄影创企 Lytro 也宣布将进军 VR 领域。之前，这家企业一直苦恼于自己的“先拍照后对焦”摄像机没能受到消费者的欢迎，遂致力于开发一款球形摄像机，用于拍摄真人三维影片。

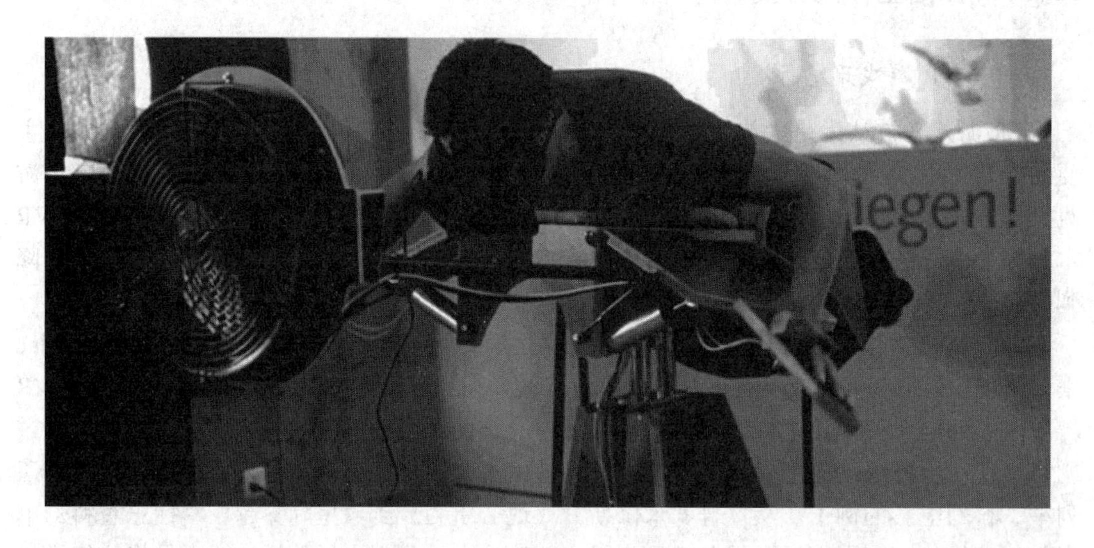

同样是在 2015 年，由 Fox 和 Secret Location 联合发行的虚拟现实影片《断头谷虚拟现实体验》（The Sleepy Hollow VR Experience）参加“艾美奖”评选，获得了“互动媒体、用户体验和视觉设计”奖项，成为“艾美奖”首次为虚拟现实影片颁发的奖项。当用户戴上 VR 设备时，场景中的人挥手砍下了自己的头，变成了一个“无头骑士”（Headless Horseman），为用户带来真切的沉浸感，仿佛身临其境，欲罢不能。这个作品是为 Oculus Rift 设计的，最早在 Comic-Con 上推出，给成千上万名 Oculus Rift 用户带来了独特的体验经历，自己被无头人斩首的感觉难以忘怀。“艾美奖”作为美国电视界的最高奖项，用于表彰电视行业的杰出人物和优秀节目。其地位堪比电影界的“奥斯卡奖”和音乐界的“格莱美奖”，因对电视行业不同领域取得的成就进行表彰，而在每年不同时期举办不同领域的年度颁奖仪式。“The Sleepy Hollow VR Experience”此番获奖，标志着虚拟现实在电视行业获得专业认可。值得探讨的是剧情，这款游戏以如此恐怖的故事情节作为传播内容，商业方面的考量多于社会价值的导向，是不利于 VR 行业健康发展的。

（三）广告公司与广告商

随着网络的发展和网民数量的增加，互联网为广告公司和广告商提供了赚取商业利益的众多机会，网络广告成为广告界最大的利润增长点。同时，由于商业价值的直接作用，商业运作成为推动 VR 发展的主要动力，广告公司与广告商成为 VR 传播主体的中坚力量。但与传统媒体的受众只是被动接受的情况不同，在网络媒体的传播过程中，受众有很大的主动选择权，网络广告很容易被受众规避。因此，寻求新的广告模式成为网络广告公司与广告商关心的重要问题。而 VR 的出现，则为网络广告的发展提供了新的思路，将 VR 与广告相结合，在传播过程中寻求更高的商业价值成为 VR 赢利的主要模式之一。值得一提的是，有的广告公司不以编导制作广告作品为主，而有的广告商并不成立独立的广告公司，所以将这两个不可以并列的概念并列到了一起。

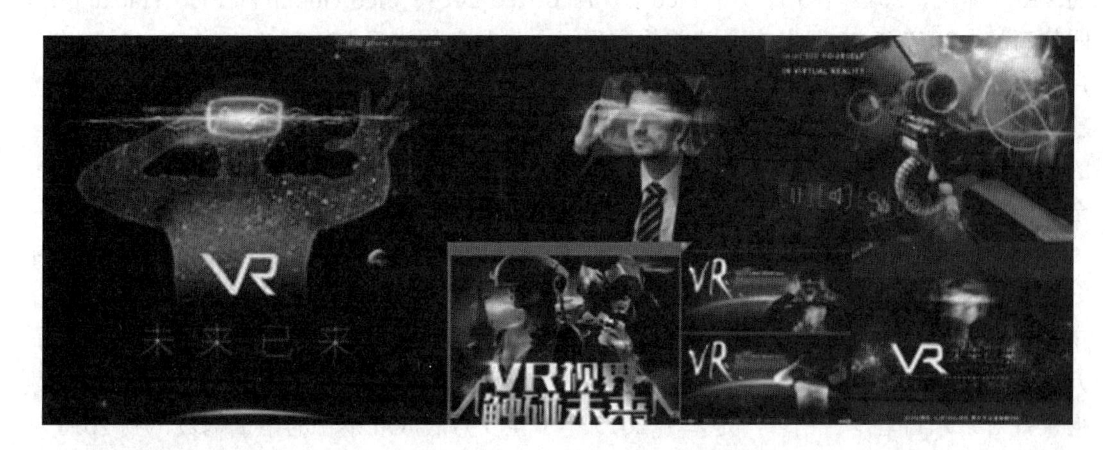

目前，VR 的商业运作主要有两种方式：第一种是直接为某一品牌拍摄宣传 VR。这种模式类似于传统的商业广告，是为某一产品或品牌定制的。整个 VR 作品的策划、编导、制作与传播过程中有广告公司或广告商全程参与，如何体现产品或品牌的优势成为 VR 传播的核心，视听方面的设计都是为宣传产品或品牌服务的。与传统商业广告不同的地方在于，商业性 VR 的情节更加具体，对受众的吸引力比普通广告更强，更有利于树立企业和品牌的良好形象。第二种是在拍摄 VR 的过程中寻求广告公司或广告商的赞助。为了取得良好的传播效果，此类 VR 的故事情节主要以叙事为主，在叙事过程中或在结尾处将品牌形象植入影片当中，使受众在观看时潜移默化地受到广告的影响。

有关的例子有很多，除了大量专门的商品广告之外，像电影《有一个地方只有我们知道》那样通过 VR 预告片的传播达到宣传目的的运作方式，已经被越来越多的制片方接受。

（四）门户网站与视频网站

大型门户网站的视频版块和专业视频类网站是 VR 传播的重要平台与载体，但在网络媒体高速发展的现代社会中，如何有效吸引受众的注意力并对其产生“吸附力”，从而聚集人气，成为决定门户网站和视频网站取得成功的主要因素。

利用网络视频吸引受众，是各大网站常用的做法。在互联网发展早期，曾有过因内容不适、引进外片及带宽不够、卡顿滞留等尴尬，随着网络内容的日益丰富及带宽问题的逐步解决，如今网络领域的竞争已经进入到白热化阶段，借助于视频作品的视听结合手段吸引用户，成为网站竞争的重要手段，各个网站用来购买热门影视作品的版权和播放权的投入也越来越高，这导致了网站在视频领域运作的巨额成本。而且，一些热播的影视作品同时在多个网站中播出，使得各网站视频内容同质化现象非常严重，在这种情况下，提升原创能力，制作属于网站自己的视频节目，就成为提升竞争力的必然选择。而 VR 因其短小精悍、沉浸感强、可以交互等特点，受到各个网络机构的青睐。

专业的 VR 公司是不可忽略的传播力量。以 Pico 公司为例，致力于 VR 研发、虚拟现实内容及应用，打造覆盖产业上下游，为消费者提供“端到端”的产品与服务全体验，通过对核心技术和市场的持续投入与积累，打造全球一流的“VR+AR”品牌，靠作品实力说话，在 VR 传播方面树立了一个典型。该公司于 2016 年 4 月发布全球首款搭载骁龙 820 的 VR 一体机，2017 年 5 月发布 Pico U、Pico Neo DKS、Pico Goblin 和 Pico Tracking Kit 四款新品，2017 年 12 月发布全球首款实现了“量产”的头手 6DoF VR 一体机。2018 年 7 月发布全球首款 2000 元价位段使用高通骁龙 835 芯片的一体机，2019 年 5 月发布全球首款 2000 元价位段使用高通骁龙 835 芯片的 4K 级 VR 一体机。如今的 Pico 公司具备全球化的销售、服务支持团队，在东京、旧金山设立子公司，在巴塞罗那和香港设有办公室，为全球的客户提供完整的 VR/AR 解决方案，成为 VR 传播领域的一支重要生力军。

不仅如此，即使是一般的企业、单位、机构、团体等也都在寻求扩大影响力，提升知名度，也都在通过策划与传播 VR 作品达到宣传推广或改善服务的目的。比如京东 2016 年“6.18”期间（6 月 1 日至 18 日）的相关销售数据表明，京东商城 3C 整体销量突破 3600 万件，其中在 3C 消费指数报告中指出增量最大的是 VR 眼镜，销售增长 200 多倍。此数据仅针对京东自营平台销量，是基于 2015 年 1 至 5 月底 600 余台的销量基数，到 2016 年 5 月底，共计售出近 15 万台的 VR 头盔。从传播角度进行分析，很能说明问题。

第一，从产品销量看，结合国内 2015 年上半年整个产业的发展初期特点，当时市场上成熟的、可“量产”的 VR 眼镜设备十分有限，普通消费者对于产品的认知比较少，大部分购买者仅限于行业用户。到了 2016 年，受到资本与行业的双重推动，消费者对于 VR 设备的热情与需求都得到了较大幅度的提升，在“6.18”期间，VR 销量处于递增状态，并在 6 月 18 日当天达到峰值，降价力度最大达八折。除了具有较明显优势的暴风魔镜之外，HTC Vive、暴风魔镜、小鸟看看、蚁视、七鑫易维等都属销量排名靠前的品牌，一些深圳配件厂生产的 VR 眼镜在第三方店铺卖得也比较多。

第二，从用户群体看，所售 VR 产品类的用户群体主要集中在 18 至 25 岁的年轻用户，其中 80%以上为男性。用户的职业群体主要为学生和白领，其中 HTC Vive 这类产品是个特例，主要以开发者和一些体验店客户为主。用户购买 VR 产品的主要需求点在于个人娱乐，以观影需求为主，通过 APP 厂商得到的后台数据反馈显示，用户 80%以上的使用时间都在观影，包括游戏在内的其他体验较少。而销售地区集中在北京、上海、广州、深圳等一线城市，其中上海、深圳占比超过北京。

第三，从消费趋势看，近年 VR 用户的消费意愿仍集中在低价位的手机盒子类 VR 产品，一是产品批量生产使降价成为可能，低廉的价格降低了用户体验的门槛。二是目前 VR 市场提供的内容给予用户的实质娱乐体验，尚不足以支撑高价的购买成本，能够支持手机盒子的手机存量市场高达 60%，而同期 HTC 和 Oculus 等产品的显卡存量市场不超过 1%，导致消费者想体验专业头显的成本投入太大。这也符合影视界普遍认可的“内容为王”。当然，用户愿意为 VR 产品和体验买单，是 VR 传播的基础与前提。

目前京东的销售数据已经是个乐观的开端。

根据京东与媒体的交流，未来的 VR 传播有几个不错的参考方向：一是杀手级的应用游戏或视频内容，如《英雄联盟》《阿凡达》等的颠覆性应用。二是垂直领域应用的突破，如 VR 深度介入到教育、军事、医疗等行业。三是体验馆的多方位应用，让用户充分地了解产品后再进行体验，便于提升他们对 VR 的消费兴趣和消费水平。

第四节 VR 的传播实践

一、VR 传播的时代背景

2019 年 8 月 30 日，中国互联网络信息中心（CNNIC）在京发布《第 44 次中国互联网络发展状况统计报告》[1]，公布了 2019 年上半年我国互联网的发展状况。

截至 2019 年 6 月，我国网民规模达 8.54 亿，较 2018 年年底增长 2598 万，互联网普及率达 61.2%，较 2018 年年底提升 1.6 个百分点。其中我国手机网民规模达 8.47 亿，较 2018 年年底增长 2984 万，我国网民使用手机上网的比例达 99.1%，较 2018 年年底提升 0.5 个百分点。农村网民规模为 2.25 亿，占网民整体的 26.3%，较 2018 年年底增长 305 万；城镇网民规模为 6.30 亿，占网民整体的 73.7%，较 2018 年年底增长 2293 万。

截至 2019 年 6 月，我国网络视频用户规模达 7.59 亿，较 2018 年底增长 3391 万，占网民整体的 88.8%；其中，短视频用户规模为 6.48 亿，占网民整体的 75.8%。

可见，我国网民数量非常庞大，而网民上网的最主要途径是智能手机，随着中国互联网行业整体向移动、规范、价值提升的方向发展，移动互联网正在推动 VR 的消费朝着资源共享化、设备智能化和场景多元化的模式逐渐形成。随着智能手机越来越高端、越来越

1. http://www.cac.gov.cn/2019-08/30/c_1124938750.htm，2019 年 8 月 30 日。

普及，随着网络技术的发展越来越先进、越来越快速，尤其是随着 5G 网络逐渐落地，智能手机有望成为VR 传播的重要工具之一。

二、VR 的传播途径

在传统的影视传播中，院线、拷贝、电视台是作品主要的传播途径。目前，随着各行各业对 VR 的重视和应用，搭载传统媒体进行传播成为 VR 传播的途径之一。另外，如前所述，在博物馆、科技馆、文化馆等人流密度比较大的固定空间设置 VR 体验区，也是正在崛起的一种 VR 传播途径。还有最有潜力、最重要的一条传播途径，那就是通过自媒体。

比起传统的信息传播方式，自媒体传播的优势在于传播主体从过去的被动接受转变为主动选择，这种转变打破了传统媒体对信息的垄断，使传播的交互化、多元化、小众化成为可能，并为 VR 的传播提供了平台与可能。

（一）自媒体的概念

2003 年 7 月，美国新闻学会的媒体中心出版了“We Media”（自媒体）研究报告，该报告由谢因波曼与克里斯威理斯两位学者联合提出，对“We Media”下了十分严谨的定义：“We Media 是普通大众经由数字科技强化、与全球知识体系相连之后，形成的一种开始理解普通大众如何提供与分享他们本身的事实、他们本身的新闻的传播途径”，包括了在互联网上进行个人传播的多种应用形式，其中主要有博客、微博、微信、QQ、SNS 社交网站、视频网站等。

与传统的权威媒体如电视、报纸、广播等相比，“自媒体”传播信息的优点更多，具有主动性更强、传播方式更便捷、信息更具个性化并且能够交互等。以当前广泛传播的微视频为例，自媒体传播信息表现出明显的优势。

（二）自媒体传播的优势

一是传播速度快、时效性强。用户通过自媒体发布和接受信息都是即时的，能够迅速传播，时效性大大增强。从策划、编导、制作到发布，其对传播速度和实效性的要求比传统的电影、电视剧高得多，自媒体能够及时地将这些作品传播到受众中，不管是新影片的介绍还是新产品的推广，都能使受众及时了解到。

二是自媒体传播具有一定的选择性和主动性。在自媒体传播过程中，传播的内容、传播时间与传播地点都可以自主选择，这与微视频的片长较短、适合即时传播等特点不谋而合。受众在用自媒体进行微视频的消费与传播时，可以控制传播方式与传播进程，并主动进行转发，受众的主动传播是自媒体传播过程中不可缺少的动力。

三是自媒体具有很强的互动性。互动性是自媒体传播的典型特性，这一特性也是自媒体获得广泛应用的主观原因，用户可以随时通过自媒体将自己的看法进行发布，或转发其他的作品、其他人的看法等。有的网站允许受众决定故事情节的发展方向，自主参与创作与传播过程中。

自媒体传播的这些特点，与VR自身的交互性特点相契合，尽管目前VR传播尚未形成规模，但鉴于VR技术的快速发展及网络技术的有效推进，不久之后就将形成VR传播的热潮，并且自媒体将成为VR传播的主要渠道。

三、VR的传播方式

传统影视的传播方式主要有预告片、首映式、海报、新闻发布会等，而以微电影等为代表的微视频作为一种短小精悍的视频形式，通过自媒体形成了独特的传播方式，被称为“病毒式传播”，为未来VR的传播奠定了基础。

“病毒式传播”概念的提出者是被IT界称为“WEB 2.0”之父的提姆·奥莱利，最早是作为一种网络营销理念提出的，本意是指发起人发出产品的最初信息，再依靠受众自发的口碑宣传，将信息扩散到其他人。随着互联网的迅猛发展，由于受众多，渠道广，信息量大并可快速复制，使微视频借助于自媒体的传播像病毒传播一样快速高效，而且这种传播方式是用户自发进行的，因此传播费用很低，效率很高。

“病毒式传播”的要点之一是网络技术带来的速度与效率，第二是传播主体出于兴趣产生的主动性，第三是用户自发的口碑传播，即俗话说的“一传十，十传百”，第二个要点是信息的批量复制与转发，当某一受众得到信息后，简单操作就可转发给其他受众。早在2012年就有人对以微电影为代表的微视频传播数据进行分析后指出，“有85.4%的用户表示在近半年内将自己喜欢的视频节目推荐或分享给自己的好友”。具体到VR的传播，目前共享的VR资源还不够多，高质量的尤其免费的片源比较少，但相信在不久的将来，随着VR硬件、软件技术的升级及作品质量的提升，传播的必将越来越多，影响也会越来越大。

以上在理论上对VR传播的研究，是基于作品形式、时长、篇幅等方面都与VR相似的微视频而言的，对微视频传播方式的分析，将对VR传播产生启发。国内“微电影”的概念并非影视界或学术研究界提出来的，而是源自凯迪拉克宣传团队，在凯迪拉克公司推出“SLS赛威”之际，为了扩大宣传，就投资请吴彦祖担纲拍摄了90秒钟微视频《一触即发》，并借助于当时刚刚兴起的微博进行传播，取得了出乎意料的效果，受众从凯迪拉克汽车的爱好者、歌手的粉丝等迅速蔓延到了喜欢看视频的影视爱好者、喜欢上网的普通网友等，在很短的时间内获得上亿次的转发量，首映过后的几分钟内，微博粉丝、各大网站、各个论坛纷纷推荐，牢牢牵住了百万网友的心。根据优酷网的数据分析，与《一触即发》有关的视频点击量超过5亿次，微博转发数8万多次，在自媒体时代到来的早期制造了强烈的轰动效应，不仅提升了消费者对“凯迪拉克”这个品牌的好感度，而且也达到了广告主定制微视频的良好传播效果。

在进行“病毒式”传播时，如何引起受众的转发是重要一环，这也是未来VR在自媒体传播的关键。片子必须质量高并在传播的初期引起网民的关注，才能实现病毒式的“传染”效果。VR在自媒体的网络平台上的传播，受众参与的主观意愿是自愿的而非强制的，只有与其兴趣爱好相吻合的内容才能被接受并转发，不同于传统媒体传播那样具有单向性和强制性。因此，未来 VR 传播中除了要保证片子在内容、形式及其相互结合等方面的质量，还要对受众的接受心理进行研究，才能实现 VR 传播的预期效果。

第五节　VR 的管理与建议

一、VR 传播的现状

在互联网视域下，传播内容的演变大致可分为三个阶段：文字时期、图文时期、自媒体时代传播泛化时期。VR 的发展与传播，在一定程度上归因于资本的大量投入。但现今国内 VR 产业发展还在初期，投入大，市场尚未成熟，缺乏稳定的赢利模式，技术成本、技术标准、产业链条等问题都有待解决。

随着虚拟现实时代的到来，从文字、图片、影像到虚拟现实，尽管现阶段 VR 技术还处在相对低层次的阶段，晕动症尚未完全排除，沉浸感还不够，交互性的实现也没全部达到要求，但 VR 技术的发展对于传播方式的改变和接受度的改变都具有重大意义。

二、VR 传播对用户的影响

（一）真实感

VR 技术打破了虚拟和真实之间的区别，容易激发用户共鸣。由于网上信息内容庞杂，形式多样，导致用户对于信息真实感和体验感的需求较大，不再满足于视频、图片等经过加工、剪辑过的内容，VR 的传播能让传播者与接受者之间进行有效的“对话”，便于产生沉浸感。

（二）意义内爆

传统媒体时代，电视、报纸、广播等能为受众构建“拟态真实”的信息环境，在自媒体时代，受众则自主选择对自己“有用”的信息进行自我建构，其中既有真实的信息，也有虚构的信息，并且真实与虚构之间的界限越来越不明显，被称为“意义内爆”。海量信息使网民沉迷其中，在浪费时间的同时也丧失了理性判断力，同时也容易引发拜金主义价值观。

三、VR 传播的机制与管理

（一）VR 监管的必要性

电视、报纸、广播等传统媒体的特点是“一对多”的单向传播，传播主体和接受主体的角色互不相同，并且传播过程中有规范、严谨的审查制度。不同的是，如今智能手机、iPad 等自媒体的传播，则给了人们充分自由的表达权，人人都能成为传播者，模糊了传播和接受的界限，内容良莠不齐，监管难度较大。尤其是 VR 因其“沉浸感”打破了时间和空间的限制，对受众产生的视听刺激比普通影视产生的更强、更直接、更真实，如果使用不当或过度使用，尤其是呈现血腥、暴力等不当内容时，将对受众特别是未成年人造成不良影响，给管理工作提出了巨大的挑战，亟须加强管理。

（二）互联网传播管理制度的出台与演变

通过互联网进行传播，是 VR 未来发展的重要方向。了解国内互联网信息传播的有关管理制度及其发展变化、存在的问题并提出建议，有助于未来 VR 的规模化传播。

1994 年，中国正式接入国际互联网。1999 年，国家广电总局出台《关于加强通过信息网络向公众传播广播电影电视类节目管理的通告》，国内网络视频内容兴起于 2000 年，当年国家就出台了《信息网络传播广播电影电视类节目监督管理暂行办法》，2004 年中办（中共中央办公厅）、国办（国务院办公厅）发文，《广电总局印发落实中办国办〈关于进一步加强互联网管理工作的意见〉实施细则的通知》，首次对负有互联网管理职责的几个国家机关进行了分工，同年，国家广电总局发布《互联网等信息传播网络视听节目管理办法》（下文以《办法》作为简称）。国家广电总局是网络广播影视和视听节目（包括影视类音像制品）网上传播活动的主管部门，负责对传播境外有害广播电视节目的网站进行监控，并将有关情况通知信息产业部。信息产业部则要利用网络与信息安全技术对网上有害信息和公共有害信息进行监控，对违规从事网上业务或传播有害视听信息的网站、论坛等依法采取责令整顿、予以关闭等措施。地方各级主管部门则按照属地管理的要求管理本辖区内的服务单位。国家广电总局还增加了编制，在社会管理司增设了网络传播管理处，并成立了直属局级机构“信息网络视听节目传播监管中心”，专门负责网络视频内容监管。

2005 年、2006 年，土豆网、56 网、优酷网等纷纷上线，受到网民的普遍欢迎，在各家门户网站“跑马圈地”的同时，作品版权、不良信息等问题暴露出来，2007 年 12 月，国家广电总局与信息产业部联合发布《互联网视听节目服务管理规定》，“国务院广播电影电视主管部门作为互联网视听节目服务的行业主管部门，负责对互联网视听节目服务实施监督管理，统筹互联网视听节目服务的产业发展、行业管理、内容建设和安全监管。国务院信息产业主管部门作为互联网行业主管部门，依据电信行业管理职责对互联网视听节目服务实施相应的监督管理。地方人民政府广播电影电视主管部门和地方电信管理机构依据各自职责对本行政区域内的互联网视听节目服务单位及接入服务实施相应的监督管理”。该规定从 2008 年 1 月 31 日起施行至今，以互联网视听节目服务运营和提供商为监管对象，明确提出了“互联网视听节目”的概念，并在 2004 年《办法》的基础上补充了罚则内容，将违规行为和处罚措施一一对应。《办法》单独提及播客和视频分享内容，明确其责任负责方为互联网视听节目服务单位的主要出资者和经营者。同时，《办法》首次提出了“自办网络剧（片）类服务”的概念，认可该类视听服务在互联网上的传播，但指出提供该服务的机构应持有广播电视节目制作经营许可证。[1]

我国采取的多种渠道归口管理模式沿用多年。长期以来，国务院新闻办、工业和信息化部、文化部、新闻出版总署、国家广电总局等十余部委相关部门，分别负责互联网站的审批、经营及内容管理等，被认为条块分割且分工不太明确。

2011 年 5 月，国家互联网信息办公室（简称“网信办”）的成立打破了这一局面，集中“负责网络新闻业务及其他相关业务的审批和日常监管，指导有关部门做好网络游戏、网络视听、网络出版等网络文化领域业务布局规划”。管理权限和部门的整合统一，有利于操作上的统筹协调和实际监管中效率的提高。从具体职责上看，“网信办”主要负责“落实互联网信息传播方针政策和推动互联网信息传播法制建设，指导、协调、督促有关部门加强互联网信息内容管理，负责网络新闻业务及其他相关业务的审批和日常监管，指导有关部门做好网络游戏、网络视听、网络出版等网络文化领域业务布局规划”。

（三）网络视听节目管理机制的“自审”阶段

网络视听节目管理机制的建立，既离不开有关部门的监管，也离不开行业的自律。2008 年 2 月 22 日，人民网等 8 家机构发起《中国互联网视听节目服务自律公约》，到当年 3 月 8 日，全国共有 5 批 369 家网络媒体加入。该公约主要针对“暴力低俗、淫秽色情、侵犯版权”三类不良内容，提供了一个非正式的不良信息共享系统，即“互联网视听节目信息库”，不仅能把缔约成员掌握的优秀视听节目推荐给其他成员，还能共享并管理、控制不良信息。公约要求，各缔约单位应经常登录“信息库”系统，及时从各自网站删除违规节目及其相关链接，自觉履行自律公约并有保密的责任。

2011 年 8 月 19 日，《人民日报》报道了中国网络视听节目服务协会的成立及《中国网络视听节目服务协会章程》（下简称《章程》）通过的情况，为了推动我国网络视听节目服务行业健康发展，经民政部批准，该协会在北京成立，选举产生了协会执行机构和负责人。中国新闻网等 78 家机构当选为协会第一届理事会理事单位，其中中国网络电视台等 28 家机构当选为常务理事单位。《章程》指出，“协会将以贯彻国家有关法律、法规，提供法律、法规咨询服务，共同抵制盗版、倡导版权维护等为主要任务。将致力于维护会员单位的国际、国内合法权益，加强行业自律，在政府和企业之间发挥桥梁与纽带作用，加强国内外业务和学术交流，积极推动本行业的产业发展和技术进步，提高我国网络视听节目服务水平。协会将按照相关规定，积极发挥参谋助手和桥梁纽带作用，扎实开展协调、自律、引导、服务等各项工作。”[2]

1. 胡凌：《互联网对广电管理体制的挑战》，《清华法律评论》，清华大学出版社，2009 年第 1 期，第 130-147 页。

2. 陈原、常丽芳：《中国网络视听节目服务协会成立》，《人民日报》，2011 年 8 月 20 日。

2012年7月，国家广电总局发布《关于进一步加强网络剧、微电影等网络视听节目管理的通知》，网络视听节目的监管分成了两个层面，一是主管部门行政层面的监管，二是服务主体层面的自我监管，前者主要依据《行政许可法》和前述的《规定》《办法》，后者则主要由各个门户网站依据“谁办网，谁负责”的原则进行自我管理。其管理方式也必将会影响到VR的传播。

互联网传播是一把双刃剑，在优秀作品传播正能量的同时，劣质作品也在传播负能量，尤其是注重交互性、沉浸感的VR，对公众尤其是青少年的影响是直接的、巨大的，需要加强管理与引导。

四、VR传播与管理中存在的问题

（一）VR传播中的问题

当前的网络视频内容丰富，形式多样，传播企业林立。除优酷、土豆、乐视、爱奇艺等国内一线专业视频网站的企业自制节目之外，一些游戏公司、影视制作公司、VR硬件生产商等也都蜂拥而至，还有抖音、快手、bilibili等短视频平台也都在尝试或已经搭上了VR的顺风车，到VR领域分一杯羹。

当有新的传播技术出现，不良信息常常会“搭便车”。作为互联网新秀的VR也遇到了这类问题。自VR进入大众生活之时起，不良内容也同时出现。尽管相关部门迅速动作，但一些人依然采取各种隐蔽手段，利用VR兜售涉黄、涉暴资源并从中牟利。

1. 售卖涉黄、涉暴信息

在一些电商平台、二手物品交易平台以及微博等平台，存在着出售涉黄、涉暴VR资源的卖家，不同平台售卖资源的方式有所不同。不法分子利用一些专业网络平台及人们常用的微信或微博等出售涉黄、涉暴的VR资源，有些VR产品包含血腥、残忍的画面。有商家假冒合法方式，或明知不合法但采用“暗语、双关语、拼音和代码组合”等方式，进行宣传和产品售卖。这些不良行为的存在破坏了VR资源的良好秩序和环境。

2. 商业推广打擦边球

VR商业化之路上也存在一些问题。有些不良商家为了赢利而打色情或“标题党”的“擦边球”。如VR格斗游戏被评价为“脑浆和血液好像就迸在你眼前”“玩一场有种嗜血的感觉特别爽”“一局下来打得大汗淋漓”等，还有VR创业公司拍摄“为中国宅男量身打造的全景视频”，其内容违反国家相关规定，属低级趣味，毒害青少年，必须坚决抵制。

3. VR内容有待监管

VR技术发展速度快，产品受消费者欢迎，众多著名企业强势进入，社会资本和风险投资热追，呈现出非常良好的发展前景。国内市场虽稍晚于个别一流发达国家，但仍保持着强大的市场和研发能力，据业界估计，2020 年中国 VR 市场规模预计将超过 550 亿元。

目前 VR 用户数量尚未形成规模，加上许多消费者已经习惯了“内容免费”的消费模式，即使策划、编导、制作等方面竭尽全力，但如何收回成本、赚取利润仍是一个“在路上”的话题。如果不加强管理，良性引导，就可能会陷入“越没内容用户量就越少，用户量越少就越没内容”的“恶性循环”。

有人针对 VR 传播存在的问题，提出了借鉴国外的“内容分级”，但同时有人提出了反对意见，认为目前看不出内容分级能给 VR 传播带来什么好处，因为内容分级制在我国所有的电影、电视剧、动画片等成熟内容消费市场上都还没有推广，并且认为内容分级并不是消费者所急需的，也不会是 VR 产业所急需的。既然在成熟的影视领域讨论了若干年都还没有执行，VR 市场还不成熟，就不要勉为其难了。这个观点是否可取，见仁见智，但从管理的角度说，有必要未雨绸缪，防患于未然。

4. 版权保护问题

可以预期的是，在不久的将来，VR 也会像电影、电视剧等相关领域那样走上产业化道路，版权保护的话题应该尽早提上日程。目前 VR 版权主要有两种情况，一种是商业广告 VR，广告商付钱的同时买下了版权；免费上传网络的作品版权一般就转给了网络平台，传播主体以学生和新手为主，期待作品被人认可的愿望盖过了对版权的诉求。随着行业的逐步成熟，版权保护的问题会逐渐暴露出来。

按照我国目前网络视频管理的“谁播出，谁审查”规定，VR 播出平台的自我审查就是版权运作的一种方式，各个网络平台与 VR 制作传播主体根据具体情况采取不同的版权合作模式。以爱奇艺提出的“分甘同味”计划为例，通过分账或分成让双方共享内容产生的利润，在这一过程中协商解决版权问题，为未来 VR 的规模化传播及版权保护提供了借鉴意义。值得一提的是，版权保护对于 VR 策划、编导、传播与管理来说，不仅是整个行业的末端行为，也应该随着市场的逐渐成熟，把版权保护变成激发原创能力、促进 VR 持续良好发展的必经阶段。

5. 行业协会的作用

行业协会，是在行政部门与企业主体之外的重要管理力量，如果 VR 领域也能落实国家有关部门的规定，借鉴国外相关行业协会的经验，也不失为 VR 管理的一种值得期待的方案。

2016 年，国家广电总局发布《关于进一步加强网络原创视听节目规划建设和管理的通知》《关于进一步加强网络视听节目创作播出管理的通知》等，在提出“充分发挥网络视听节目优势，弘扬主旋律、传播社会主义先进文化”“加强对网络原创视听节目的规划指导，打造更多精品节目”等要求的同时，强调要“充分发挥行业组织自律作用，加强网络原创视听节目内容把关”，并对如何组建行业协会、完善专家库等具体事宜给予了指导：“国家和省级新闻出版广电行政部门要充分发挥两级网络视听节目服务行业协会的自律作用，广泛发掘和邀请政治可靠、艺术素养高、熟悉网络文艺、在业内有较高声望的专家，组建和完善网络视听节目评议专家库，为视听节目网站提供优质服务。”同时对网络公司、网站等具体业务部门提出，“支持和鼓励互联网视听节目服务单位从专家库中选请专家对本网站节目内容进行评议和把关”。

2018 年，国家广电总局下发《关于进一步加强节目管理的通知》，肯定了“党的十八大以来，各广播电视播出机构和网络视听节目服务机构围绕中心、服务大局，积极创新创优，不断推出人民群众喜闻乐见的优秀节目，文艺创作呈现出良好态势”，同时指出业界出现了“追星炒星、泛娱乐化、高价片酬、收视率点击率造假等问题，不仅推高制作成本、破坏行业秩序生态，而且误导青少年盲目追星，滋长拜金主义、一夜成名等错误的价值观念”，在督促必须采取有效措施切实加以纠正的同时，指出了强化价值引领、坚持以人民为中心的创作指导、鼓励以优质内容取胜、不断创新节目形式、严格控制嘉宾片酬等几点意见，强调“加大电视剧、网络剧（含网络电影）治理力度，促进行业良性发展”“中广联合电视制片委员会、电视剧制作产业协会、中国网络视听节目服务协会要积极推进，调研论证”。以上的指导性意见，对未来 VR 传播管理机制的形成与运作具有重要的启示。

（二）VR 传播管理的建议

在国内尚未实行“针对不同观众的分级制度”背景下，考虑到 VR 作品与节目形态和规模化传播的可能性，讨论 VR 传播管理这个问题时只能从我国现有的互联网视听节目管理规定谈起。目前关于“谁办网，谁管理”“十不准”等条款对于 VR 管理都是有效的，但具体到“组建和完善节目评议专家库”“充分发挥行业组织自律作用”“加强网络原创视听节目内容把关”，尤其是如何确定“有害信息”的标准，如何发挥行业协会的作用等，都需要认真对待。

关于新型的网络视听节目监管，有一个错误观点，认为“技术监管可以解决一切问题”，实际上，技术并不能解决所有问题，包括 VR 在内的视听节目，无论在网上传播还是通过传统媒体传播，都是“源于生活，高于生活”的，既与人的物质生活有关，也与人的精神生活有关，在审查时既要依靠科技手段，也要充分考虑到“内容监管的特殊性”，每个节目都可能要涉及政治、历史、文化等，即使音视频分析技术多么进步，也不可能完全识别、判断节目的具体情况，尤其是涉及人类心灵、精神、理想等方面的节目，如何理解背景，鉴定内容，分析判断等，都离不开人工来完成，尽管监控技术是必不可少的，但要摒弃“技术万能论”。

“他山之石，可以攻玉”，在建立有效的 VR 传播管理体系过程中，借鉴国外短片领域的管理经验也是必要的。韩国的“原创文化数码机构”“故事银行”，法国的短片电影资助计划等，都是政府行为，并且都是长期、有效的。韩国的“原创文化数码机构”包括韩国各个历史时期的风俗、习惯、服饰、音乐、饮食等，非常详细；“故事银行”收集了韩国的很多历史故事、人文资料等，与“原创文化数码机构”一起形成了两个巨大的数据库，影视从业人员只要输入关键词，就能找到所需的资料。法国国家电影中心（CNC）为资助对象提供的资料涵盖了故事片、纪录片、动画片和一部分实验类型电影等，资助范围包括影片的创作、制片、宣传推广、院线放映等，法国中央财政和地方政府部门每年对短片的资助就有 2000 万欧元左右，对短片持非常支持的态度，甚至在影院放映正片之前都要求加映短片，如果效果好就会给予适当的资金作为奖励，使短片电影的生存环境不断改善。此外还成立了短片协会专门负责短片电影放映的协调工作，直接促进短片的传播与发展。

总之，借助 VR 技术及产品的良好发展前景，学习国内外本领域和相关行业的成功经验，摈弃和克服 VR 领域的缺陷和不足，发挥中国的体制优势、市场优势、技术人才优势和产品优势，定能走出一条中国 VR 产业的成功之路。

思考与练习

一、研究 VR 传播与管理的必要性有哪些？

二、目前 VR 传播与管理中存在哪些问题？

三、结合学习本门课程的收获，谈谈 VR 策划与编导的重要性。

结　语

VR 的诞生与发展既是人类不断探索自然、征服自然的产物，又是社会不断进步、不断跨越的必然。从 20 世纪 90 年代台式电脑开始在国内推广，到 2000 年互联网开始民用，到 2010 年手机普及，再到如今的智能终端多样化，在这一过程中，计算机变得越来越轻巧便利，网络变得越来越普及，屏幕越来越小，交互越来越自然。未来十年，智能手机可能仍是 VR 的主流设备，但根据权威人士预测，更具突破性的虚拟现实眼镜将问世，并将重新定义人类和技术的关系。

如果说传统影视为人们提供了心灵休憩和文化传承的平台，有益于人在繁忙的工作之余调整身心状态，沟通人际关系，传承人类文明，那么，VR 最重要的是“传递一种存在感”，可以让人在虽为虚拟、却感到真实的时空环境中确证自身，也更能在学习、工作、娱乐、生活中享受到高科技带来的便捷和乐趣。几年前，当人们讨论 VR 的优势时，曾大谈 VR 让人们“不出家门就可以与世界各地保持联系，甚至可以在家中工作、开会、购物”。

科技改变生活，智慧引领发展。有网友不认同网购，说不过是“把地摊搬到了网上而已”，但正是“把地摊搬到了网上”，才使中国人居家购物、享受生活的方式达到了世界的顶端，出门一个手机就可走遍中国，而一旦走出国门，无论是到哪个国家，无论交通、通信、购物、工作还是其他方面，都无法与国内相比。

国与国的竞争，比的是综合实力，经济、军事、国防等硬实力固然重要，科技、文化等软实力与人的生活相距更近，也更能展现国家的精神面貌和总体实力。尽管目前我国 VR 的发展水平还赶不上世界最发达国家，但相信在不久的将来，随着 5G 基站逐渐普及，随着硬件技术日益先进，VR 一定能把“人民对美好生活的向往”作为奋斗目标，在使人享受到更多实惠、娱乐、便利的同时，能在各行各业发挥更大的作用，做出更大的贡献。

参考文献

[1] 吴灿. 策划学[M]. 北京：中国人民大学出版社，2004.

[2] 胡智锋. 电视节目策划学[M]. 上海：复旦大学出版社，2019.

[3] 徐帆，徐舫州. 电视策划与写作十讲[M]. 浙江：浙江大学出版社，2009.

[4] 张静民. 电视节目策划与编导[M]. 广州：暨南大学出版社，2001.

[5] 王国臣. 电视综艺节目编导[M]. 浙江：浙江大学出版社，2011.

[6] 董学文. 马克思主义文论教程[M]. 桂林：广西师范大学出版社，2002.

[7] 董学文. 马克思主义文论导读与注释[M]. 桂林：广西师范大学出版社，2003.

[8] 王怀通. 马列文论教程[M]. 河南：河南大学出版社，1989.

[9] 刘丹. VR 简史：一本书读懂虚拟现实[M]. 北京：人民邮电出版社，2016.

[10] 王寒，柳伟龙. 虚拟现实：引领人类未来的人机交互革命[M]. 北京：机械工业出版社，2016.

[11] 卢博. VR 虚拟现实：商业模式+行业应用+案例分析[M]. 北京：人民邮电出版社，2016.

[12] 高晓虹，王甫. 中国 3D 电视论文集[M]. 北京：中国广播影视出版社，2014.